洪安涧河流域径流模拟研究与应用

徐冬梅 王文川 著

科学出版社

北京

内 容 简 介

流域径流模拟一直是水文科学研究的重点内容,水文模型常用于径流模拟。伴随着计算机技术和 3S 技术的飞速发展,水文模型从概念性水文模型逐步发展至分布式与半分布式水文模型,这些模型的诞生和发展极大地丰富了水文科学的研究内容。本书以洪安涧河流域为研究对象,系统研究和分析了洪安涧河流域变化环境下流域径流响应机制,以及 SWAT 模型、新安江模型、HEC-HMS 模型和 TOPMODEL 模型在洪安涧河流域洪水预报中的应用,结合《水文水情预报规范》对各模型模拟结果进行分级和精度对比。本书具有系统性、新颖性和实践性的特点。

本书可作为高等院校水文与水资源工程、水利水电工程、农业水利工程等专业高年级本科生和研究生的教学和科研参考书,也可为相关专业的科研人员及关心水利行业发展的读者使用,同时也可供水利管理部门的科技工作者和工程技术人员参考。

图书在版编目(CIP)数据

洪安涧河流域径流模拟研究与应用/徐冬梅,王文川著. —北京:科学出版社,2019.9
ISBN 978-7-03-060186-5

Ⅰ.①洪… Ⅱ.①徐… ②王… Ⅲ.①径流模型-研究-中国 Ⅳ.①P334

中国版本图书馆 CIP 数据核字(2018)第 287780 号

责任编辑:姚庆爽 / 责任校对:郭瑞芝
责任印制:吴兆东 / 封面设计:蓝正设计

科 学 出 版 社 出版
北京东黄城根北街 16 号
邮政编码:100717
http://www.sciencep.com

北京中石油彩色印刷有限责任公司 印刷
科学出版社发行 各地新华书店经销

*

2019 年 9 月第 一 版 开本:720×1000 B5
2019 年 9 月第一次印刷 印张:9 1/2
字数:200 000

定价:88.00 元
(如有印装质量问题,我社负责调换)

前　言

水文预报是对未来的水情水态进行事先的预计,在洪涝灾害等水灾害发生时,具有重要的实用及参考价值。随着计算机技术、地理信息系统(GIS)、数字高程模型(DEM)和遥感技术(RS)的迅速发展,水文模型的相关研究也取得了很大的发展。因此,在研究区选用合理的预报模型与方法并探索其适用性,无论是实践上还是理论上都具有重要意义。

本书选择 SWAT 模型、新安江模型、HEC-HMS 模型和 TOPMODEL 模型对洪安涧河流域进行降雨-径流过程模拟,探索不同模型在洪安涧河流域的适用性。其主要内容和成果如下。

(1)利用气候情景假定的方法,模拟未来一段时间内流域气温、降水量的组合变化对径流产生的影响,通过 49 种不同的组合方式,利用水文模型分析出正常情景下、极端情景下径流的响应特征,并且结合径流变化率更直观地体现气温和降水的改变带来的影响。同时选取了 6 个年份的土地资料,分析了在 25 年间研究区域土地组成结构的改变面积和改变率,在此基础上对 3 个时期的土地结构变更对研究区年径流量的改变作用进行了分析,然后预设三种极端土地情景,发现了差异化的土地结构对流域径流量有着截然相异的控制作用。

(2)介绍了 SWAT 模型在计算水文循环各种情景的方法,包括产流、汇流、洪水演进、流域蒸散发和降水等,并在前人的研究基础上,对参数率定的常用方式作了分析总结,利用自带的模块,对 25 个模型参数作了系统分析及评价,选出敏感性参数进行径流预报,并进一步确定了参数调整范围。通过对实测数据的模拟及验证,说明了 SWAT 模型在该区域有着良好的适用性。

(3)研究运用了新安江模型、考虑人类活动的新安江模型及基于 SCE-UA 方法的改进新安江模型三种模拟方法,对洪安涧河流域进行水文预报,取得了良好的效果。由结果分析可知,三种模拟方法适用于洪安涧河小流域的水文预报领域,其中,基于 SCE-UA 方法的改进新安江模型对于洪安涧河小流域洪水过程的模拟更为贴近实际情况。

(4)选用 HEC-HMS 模型对流域进行降雨-径流模拟。根据下垫面情况、水文气象、土壤和土地利用类型等资料,提取模型参数,进行次洪模拟和参数优化、率定与验证,结果显示,该模型在洪安涧河流域具有良好的适用性。

(5)阐述了 TOPMODEL 模型的原理、基本结构方程及产、汇流基本理论;根据 DEM 数据提取流域地形指数、水流长度等参数,结合水文数据,构建洪安涧河流域数字信息,确定适合模型的参数值,选取7场率定期洪水和3场验证期洪水进行次洪模拟,率定期平均确定性系数达到乙等,验证期为丙等,符合精度要求,表明TOPMODEL模型适用于研究区域。

本书在编写过程中,参阅和引用了大量相关文献,在此谨向有关作者和专家表示感谢。本书能够问世,要特别感谢车沛沛、李璞媛、刘惠敏、胡昊、李庆敏等研究生,他们在项目的研究和书稿的完成中都付出了许多劳动。

本书的编写得到了国家自然科学基金项目(51509088)、河南省高校科技创新团队(18IRTSTHN009)、水资源高效利用与保障工程河南省协同创新中心、河南省水环境模拟与治理重点实验室(2017016)及华北水利水电大学水利工程特色优势学科建设经费的资助。

作者还要特别感谢科学出版社的同志为本书出版所付出的心血。没有他们的辛勤工作,本书就难于面世。

由于作者水平有限,且部分成果内容有待进一步深入研究,书中难免存在不妥之处,恳请读者多提宝贵意见!

目　　录

第1章 绪 论

1.1 水文模型国内外研究进展

1.1.1 水文模型研究进展

水文预报是对未来的水情水态进行事先的预计,在洪涝灾害等水灾害发生时,具有重要的实用及参考价值[1-3]。水文预报从最初的经验公式分析阶段到集总模型的应用阶段,再到最后的分布式水文模型应用阶段,均取得了丰硕成果,与此同时也被各大学者应用、研究并作出改进。如今,利用水文模型进行水文预报已经是普遍现象[4-6],并得到了一系列的改进[7-9]。

水文预报的经验公式分析阶段始于1850年,Mulvaney结合实际工程提出了用于水文预报的合理化公式。合理化公式的计算过程是依据降雨的强度推求洪峰流量的过程,是水文模型的最初形态。合理化公式是将水文现象看作自变量与相应因变量之间的关系,并将其相关关系用一定的技术拟合而得到的水文模型的雏形。但是,合理化公式未充分考虑流域特性和流域内降雨强度的不均匀问题,后来人们结合Manning和等高线预估汇流时间,再运用等流时线概念对合理化公式进行了修正。之后,水文学家Sherman首次提出单位线概念[10],这标志着水文预报工作上了一个新台阶[11]。此后人们在单位线的基础上进行了一系列的研究工作,提出了更多新的计算方法[7-9];作为水文模拟进展的重要标志,1933年Horton提出了入渗方程,1948年Penman提出了蒸发公式。

20世纪50年代后期国外学者首次提出了"流域模型的概念",流域水文模型进入概念性水文模型阶段[12-13]。这段时期,水文学者通过Fourier、Laplace等方程推导出了单位线,为了避免输入和输出之间的误差,Nash提出了串联和单一水库理论,这个方程一直沿用至今。20世纪60年代,水文模拟技术与计算机技术的结合,为水文模型的进一步发展提供了强有力的保障。在这个时期产生了一批数字革命产物,如Stanford模型[14]、Sacramento模型[15]、HBV模型[16]、Tank模型等[10],这些模型将水文过程看作一个分量,整个水文循环看作一组相互联系的变量。

1970年,Box和Jenkins提出水文时间序列分析法,随后各国学者们结合时间序列分析方法,建立起许多实时水文模型,其中TOPMODEL是最具开创性的半分布式模型成果[17]。20世纪80年代人们开始将注意力放在物理机制的水文模型,在此阶段中,欧洲共同体资助并自主开发了SHE水文模型,这种模型既能分析土地利用资料,又可以反映分析过程中的空间变化,同时可以模拟污染物移动过程以及进行水文预测[18]。1990年后,人们开始关注大尺度的水文模型,在传统分布式水文模型的基础上结合地理信息系统(Geographic Information System,GIS)技术开展水文过程模拟研究。21世纪以来,水文模型向更大尺度发展,水文科研工作者利用现有的气候资料,进行全球尺度的水文模拟,如SWAT(Soil and Water Assessment Tool)、MIKE SHE(MIKE System Hydrological European)等。水文模型与GIS技术、遥感技术结合使用趋于普遍,大大提高了模拟精度,使模型的各项功能变得更加强大。

1.1.2　SWAT模型的研究现状和进展

1995年,美国农业部Arnold开发了SWAT模型,该模型基于很强的物理机制,考虑了地下径流、蒸散发、地表径流、降水量等一系列水文过程,并且在我国也有较强的适用性。随着计算机技术、地理信息系统(GIS)、数字高程模型(DEM)和遥感技术(RS)的迅速发展,分布式模型的研究拥有了强大的技术支撑,涌现出了模拟效果好、精度高且物理意义明确的分布式水文模型。其中,SWAT模型作为最具有代表性的分布式水文模型之一,拥有数据库管理、空间数据处理、结果可视化表达和数学计算等优势,经过研究者的不断发展和完善,具有广阔的应用前景[19-20]。

SWAT模型的主要目标是模拟和预测在各种管理措施和气候变化条件下对水资源的响应以及评估一个流域内非点源污染现象。SWAT模型路面模拟包括水文过程、气候、侵蚀、土壤温度、植物成长、营养物质、杀虫剂,以及土地利用和水资源管理。水面过程包括洪水演算、泥沙演算、营养物质和杀虫剂在河网中的输送过程。塘坝和水库的汇流包括水量平衡、洪水演算和泥沙演算。SWAT模型的最新程序、源代码及程序文档可供世界各地的研究者在SWAT网站下载,因此该模型得到了广泛的应用和不断的发展。SWAT模型的应用主要有以下几个方面:径流模拟的研究、气候变化下的水文响应研究、土地利用变化/覆被变化的响应研究以及非点源污染的研究。

1996年,Arnold和Allen[21]通过选取美国伊利诺伊州的三个不同尺度流域为研究对象来模拟径流量,发现模拟结果相当准确。1998年,Manguerra等[22]研究了在流域资料缺少的情况下,如何通过模型参数调整提高径流模拟的精度。1999年,Arnold等[23-24]利用SWAT对土壤利用图、土地利用图和地形图进行处理以计算模型运行所需要的参数,建立数据库,运用长时间序列数据对数万个子流域进行水文循环模拟,取得了较为满意的模拟结果。2000年,Harmel等[25]利用SWAT

模型自带的天气发生器根据实测气象数据模拟未来气象数据,并与 WGEN 模型和 USCLIMATE 模型对比,发现模拟效果优于后两者。2002 年,Fontaine 等[26]为了研究河网的径流效应,通过改变 SWAT 模型中气象因子二氧化碳在空气中的含量,模拟其对植被生长状况的影响。Muttiah[27]根据 20 世纪 40～60 年代的气候变化情况,研究探讨了圣哈辛托流域的径流量变化。2003 年,Rosenberg 等[28]基于美国水文单元模型(HUMUS),将 SWAT 模型与 HadCM2 GCM 模型相结合,分析研究区气候变化对径流变化的响应。2005 年,Bouraoui 等对北非迈杰尔达河流域的日、月径流量进行模拟,结果较为准确。Jayakrishnan 等[29]也将 SWAT 模型与改进型气象雷达(NEXRAD)相结合,获得了研究区气象数据,然后利用遥感(remote sensing,RS)技术获取研究区的降水数据,对资料缺省地区的降水数据进行了补充。2006 年,Kannan 等[30]利用 SWAT 模型模拟了英格兰贝德福德郡的 Unilever Colworth estate 流域,将 Hargreaves、Penman-Montieth 两种蒸发算法和 Curve Number、Green and Ampt 两种流域径流方法进行排列组合,对四种模拟结果进行对比找出最优结果。2008 年,Schmalz 等[31]在地势较为平缓、地下水位线偏高以及透水性较好的盆底地区利用多种模拟情况研究 SWAT 模型的参数敏感性,研究结果表明,盆地地区的地下水中相关参数相当灵敏。

近几年,SWAT 模型在我国也得到了广泛应用。在改进方面积累的经验还不够多,主要集中在径流模拟的研究、气候变化水文响应研究、土地利用变化/覆被变化的响应研究以及非点源污染的研究[32-36]。

2002 年,李硕[37]将江西兴国县潋水河流域分别离散为 4 个不同空间尺度,在定量化模拟结果中,年产水量结果的精度均达到 89%。2003 年,张雪松等[38]对黄河下游小浪底—花园口区间的洛河卢氏流域进行了中尺度的产流产沙模拟,在流域长期连续径流和泥沙负荷模拟方面取得一定成果。2003 年,王中根等[39]对 SWAT 模型的原理、结构进行了进一步的阐述,针对我国实际情况提出了改进建议,并将模型成功运用在黑河莺落峡以上流域的日径流模拟。同年,胡远安等[40]选取江西赣江袁水小流域作为非点源污染研究区,结果良好,可将实验区研究结果延伸到袁水全流域。刘昌明等[41]将 SWAT 模型运用于黄河河源区空间大尺度流域,把流域划分为 38 个子流域,模拟土地覆被和气候变化的水文响应,结果表明该流域径流变化的主要原因是气候变化。2005 年,李道峰等[42]根据 5 种土地利用变化和 24 种不同气温、降水组合,得到植被覆盖增加会导致年径流量变小、蒸发量增大的结论。2006 年,贺国平等[43]采用 SWAT 模型对北京地区 1990～2000 年间径流量大幅度减少现象进行研究,发现旱地城市化造成的覆被变化和气候变化的综合作用为主要原因。2007 年,梁犁丽等[44]指出,SWAT 模型自带数据库的土壤分类和国内的土壤分类不同,土壤编码和名称存在较大差异,在应用时存在现有土壤剖面层数不足、精度不够的问题。2010 年,张利平等[45]利用 SWAT 模型以南水北调工程水源区丹江口水库为研究区域,对 IPCC SRES A2 和 A1B 两种气候情景下研究区未来 40 年的降水、气温、径流的变化过程。2011 年,张芳等[46]利用 SWAT 模型模拟研究区蒸散发值(evapotranspiration,ET),效率系数达到 0.75,比遥感数据获得的 ET 计算得到的实际耗水量准确,进行了区域的水资源优化配置。

1.1.3　HEC-HMS 分布式水文模型的研究现状

HEC-HMS 水文模型是美国陆军工程水文研发中心开发的分布式水文软件,在国外被广泛应用。Hawkins[47]和 Bonta[48]通过实测数据发现,曲线数(curve number,CN)小幅度变动造成的径流量差别很大,可见,CN 是一个具有高度敏感性的参数,而敏感度随着 CN 值的减小而提高。Rallison 和 Miller[49]径流曲线数法由美国水土保持局于 1954 年所提出,可用来评估土地利用变化对直接径流影响,还可用于缺少水文资料地区,将得到的超渗降雨量提供给汇流,最后求得完整的洪水过程线,这是模型常用的产流计算方法。Ramly[50]将模型用于马来西亚首都附近上游的 Klang-Ampang River 流域,结果表明,纳什系数为 0.86。Rahman 等[51]运用 Muskingum-Cunge 法来量化和描述沙特阿拉伯西部 Wadi Al-lith 上游区域的河道水分损失的空间变异性。HEC-HMS 模型用来模拟降雨径流关系和洪水过程,并确定流域河网的损失。一些地理参数如河流坡度、糙率系数等通过 GIS 或现场测得。结果表明,洪水的率定和验证结果都具备很好的一致性,且河道水分损失随着流域面积的增加和坡度的减小而增加,这些损失来自地表水但同时损失又补给了地下水。因此,在水资源规划与管理方面应考虑这种损失和效益。Mandal 和 Chakrabarty[52]使用 HEC-RAS 和 HEC-HMS 软件对不同的水力模型进行分析来探测暴雨洪水发生的概率,这对最终结果起到了重要作用。其中有流域面积为 $313km^2$ 的地区是最易发生山洪的,包括 Singtam、Melli、Jourthang、Chungthang 和 Lachung 地区;而流域面积为 $655km^2$ 的区域是受中等程度的山洪影响,这些区域包括 Teesta Bazar、Rangpo、Yumthang、Dambung 和 Thangu Valley。模型用 1968 年 10 月 2 日~5 日洪水时间中的降雨数据验证,模型输出数据中,占总面积 78% 的洪水数据是准确的。

Lehbab 等[53]采用 HEC-HMS 模型对位于阿尔及利亚西北部的 Mekerra 流域进行降雨径流模拟。使用广义似然不确定估计(GLUE)方法评估模型参数的不确定性并预测取值范围。通过蒙特卡罗方法随机生成的许多参数组合得到了不同的变量值。William 和 Justin[54]将动力波方法引入 HEC-HMS 模型作为模拟工具,包括渠道的长度、糙率、形状等主要参数,动力波工具为参数计算提供一个标准自动化的水文模拟过程,优点是:不仅可以减少模拟时间,而且能将数据库转移到水文模式。Islam[55]主要在 GIS 流域划分和 HMS 模型的过程线模拟方面得到了较好的应用效果。

国内,HEC-HMS 模型应用研究起步较晚,随着 GIS 技术的发展,其应用研究也越来越多,但主要以在流域中径流模拟的应用为主。2004 年,董小涛、李致家[56]用 HEC-HMS 模型对北方漳卫南观台站以上流域进行实例应用,具有较好的适应性。2005 年,陆波等[57]用 HEC-HMS 模拟集水面积为 3548km² 的修水万家埠流域,结果表明适用性较好。2006 年,董小涛和李致家[58]用 HEC-HMS 模型对北方漳卫南观台站以上流域进行实例应用,具有较好的适应性。2007 年,万荣荣等[59]采用 HEC-HMS 模型并以太湖上游西苕流域为研究区域进行场次降雨洪水过程模拟,此模型在土地利用/覆被变化相对于给极端水文事件带来的影响方面具有较好的应用前景。2008 年,赵彦增等[60]将 HEC-HMS 模型运用到河南官寨流域,对 30 场洪水过程模拟较为理想。李燕等[61]在中汤流域进行模拟应用,效果较好。2009 年,张建军等[62]运用山西省吉县蔡家川流域 2004~2006 年资料,对场次降雨径流过程进行模拟,最后得出该模型适用于黄土高原地区。李燕等[63]将HEC-HMS 系统应用于河南省北汝河,面积为 1238km² 的篓子沟流域,对 12 场降雨径流过程分析可得,模拟结果比较理想。李春雷等[64]将 HEC-HMS 模型应用于清江流域的渔峡口以上流域洪水模拟中,对选定的 6 场洪水进行模拟,结果表明该模型对次洪径流的模拟较好。2010 年,同样在渔峡口以上研究流域,邓霞等[65]探讨研究了采用不同优化目标函数对模型模拟结果的影响,并验证峰值加权均方根误差法模拟效果最佳。2011 年,丁杰等[66]以伊河东湾流域为研究范围,分析1964~2000 近 40 年下垫面变化对洪水的影响。林木生等[67]研究晋江西溪流域1985~2006 年土地利用/覆被变化对洪水过程的响应具有明显的空间差异性;而对于同一个流域,林峰等[68]分析了时间步长对模型的次洪模拟影响,并得出较短的模拟时间步长使得模拟效率提高。2014 年,廖富权[69]应用 HEC-HMS 模型于恭城河流域,选用两套方案对研究区域进行山洪预报,取得较好模拟结果。2015年,冯世伟[70]将 HEC-HMS 模型应用于漓江流域取得了较好的适用性。

1.1.4　TOPMODEL 模型研究现状

1979 年,TOPMODEL 模型被研究者 Beven 和 Kirkby 提出以来,广泛应用于国内外不同流域,得到了不断进步与发展。1995 年,Wolock[71]提出多流向和单流向两种计算地形指数的方法,在不同流域,通过验证流域面积大小和 DEM 的分辨率不是造成地形指数出现差异的原因,且发现两方法计算的地形指数对模型的模拟精度影响甚微。2010 年,Balin 等[72]将贝叶斯方法引入 TOPMODEL 模型和改进的 TOPMODEL 模型中,对两模型进行参数不确定性分析,结果表明,该方法的引入使得模型参数的收敛性更好。2014 年,Gumindoga 等[73]对埃塞俄比亚的基吉尔阿拜流域中覆被变化和各种覆被类型对径流产生的作用大小作出了研究。2015 年,Azizian 和 Shokoohi[74]选用六种不同的方法创建 DEM,并讨论了 DEM

生成方法对模型的结果的影响。结果表明，地形指数对于用插值方法创建的 DEM 很敏感。2016 年，Suliman 等[75]尝试使用精度为 30m 的 DEM 作为模型的输入，对位于热带地区的中尺度流域进行径流模拟。应用响应面法（RSM）来优化径流模拟的最敏感参数，并使用 30～300m 的 DEM 分辨率来评估其对地形指数分布（TI）和 TOPMODEL 模型模拟的影响。研究发现，分辨率从 30m 变化到 300m，会降低模型的模拟精度，总结得出，与重采样的不同分辨率 DEM 相比，精度为 30m 的 DEM 可用于数据稀缺的热带流域的径流模拟。

2000 年，任立良等[76]将山坡范围拓宽到淮河流域，考察 TOPMODEL 模型在一般流域的模拟效果并与新安江模型作初步比较。2006 年，文佩[77]以洪安涧流域为研究对象，植被以砂壤土为主，其下渗能力强，较易于蓄满。TOPMODEL 模型对洪峰流量和确定性系数模拟精度均较高。同年，董小涛等[78]以宽城流域为对象，宽城流域暴雨形成具有强度大、历史短的特点，用不同水文模型对洪水模拟研究，模拟结果合格率达到 70％以上，表明 TOPMODEL 模型在半干旱区具有良好的适用性。2009 年，彭伟[79]用 TOPMODEL 模型和改进的 TOPMODEL 模型对湿润和半湿润两个流域进行应用模拟，发现湿润区的模拟效果要优于半湿润区，且改进的 TOPMODEL 模型模拟模型效果最好，传统的 TOPMODEL 模型效果较差。2010 年，凌峰等[80]对比 DEM 的 SRTM 数据和地形图数据发现，两种数据在计算地形指数和参数率定方面虽然存在差异，但模拟效率基本相同。2013 年，刘玮丹[81]将人工神经网络（artificial neural network，ANN）模型和 TOPMODEL 模型进行集成，提出了一个新型的降雨-径流模型，将其应用在不同尺度流域以及不同气候地区，来探索研究其适用性，结果都令人满意。2014 年，齐伟等[82]用 Sobol 方法定量分析 TOPMODEL 模型参数组合和单个参数对洪水指标的影响。2015 年，李抗彬等[83]为了探索 TOPMODEL 模型在半湿润地区的应用效果，在模型的蒸发产流计算中添加植被冠层截留和 Holtan 超渗产流两模型，在汇流计算中坡面汇流用 Nash 瞬时单位线法对模型进行改进。2016 年，叶江[84]针对刁江流域，研究 TOPMODEL 模型和新安江模型在此流域的预报效果，采用 GLUE 不确定分析法，对两模型的参数进行敏感性分析，并确定 TOPMODEL 模型的主要参数在刁江流域的适用取值范围。

1.2　气候变化对径流影响的研究现状和进展

不同学科和不同的组织机构对气候变化的含义和理解有所不同。国际气候变化专门委员会（IPCC）认为：无论基于何种情况，由人类的活动、自然环境的改变引起的任何气候改变，均可以称之为气候变化。而在气候学中：气候变化指气候平均状态随时间的推移，产生了统计学意义上的明显变化[85]。国际气候变化专门委员会(IPCC)于1988年组建成立,成立以后一直致力于评价分析世界范围内关于气候变化的现有科学技术等资料,为政府决策提供气候变化的基本资料。该机构于2011完成了第五次全球气候变化评估报告,该报告对国际社会和国内全面认识气候变化现状和问题提供了全面的参考和标准,同时也为变化环境下的径流响应提供了有价值的依据和数据来源。

当前,针对气候变化来研究预测其在水文水资源方面的作用的国内外研究较多[86-89]。全球气候模式可以较好地模拟在不同时期,区域范围乃至全球范围内的气温、蒸散发和地表平均降水等因子,在年、月、日不同时间尺度下的变化过程,较多学者利用该方法进行气候变化模拟预测研究。许多国内外研究人员都对20世纪的气候变化情况进行了研究,并对将来气候的变化前景作出了详尽的预测,例如:Hamle等[90]利用全球气候模式数据,并利用VIC水文模型分析预测了南美洲西北部流域将来的气候变化趋势;Arnell等[91]利用20世纪的各类气象资料,分析全球气候变化在几种不同流域情况下的地表径流响应,研究结果表明,欧洲中部区域、美洲的南方区域及地中海区域的地表的径流量受气候的变化,呈下降趋势,而在亚洲东部则刚好相反;Milimkou等[92]在希腊北部流域,利用WBUDG月水量平衡模型,结合当地的气象数据,建立了该流域的气候变化影响评价模型。

在水文专业领域,国外对气候变化影响评价的研究开始得较早,做了较多的科研工作,在国内气候变化对水循环的作用研究起步较晚,开始于1980年前后[93-99]。2013年,IPCC第五次的评估结果显示,19世纪初至20世纪初约100年的时间里,全球地面平均温度升高约0.65~1.06℃[100]。气温是重要的气候变化标志之一,气候的变化引起了全球的气温变化,同时也引起了各个流域的水文循环变化。冯夏清等[101]研究了在气候条件变化的情况下对应径流的情况,选用了乌裕尔河流域作为研究区域,研究结果显示,在气候变化的情景下,选取不同的水文站,径流量减小幅度各不相同,流域总径流量也在减小,证明气候变化对该地区年径流量有着较为明显的作用。王兆礼等[102]在分析气候变化情况下的北江流域径流变化时运用了SWAT模型,分析得出,在流域降水量一定的情景下,随着气温的升高,蒸发量会增加,导致流域径流深变小;如果保持气温为固定值,流域的蒸发量和径流深都会随着降水量的增多而变大。李小冰等[103]采用分布式水文模型研究了秃尾河流域,气候变化和土地利用类型的变化对径流的影响。孟令超等[104]应用SWAT模型研究了未来气候变化对药乡流域径流量的影响,模拟结果与基准年的径流量对比显示,将来的两种气候条件下的径流量均有降低趋势。杨梦林等[105]选取大汶河流域为模拟区域,针对气候的变化对将引起的径流变化趋势进行研究,结果显示:大汶河流域将来的径流总量增加的可能性较大。赵阳等[106]对密云水库在气候变化以及人类作用条件下的径流量进行模拟分析,研究二者对流域径流的影响。关于气候变化引起的径流变化,研究人员采用了各种模型、方法进行模拟分析,已有较多的成果和经验。气候环境的改变会对水资源的循环产生影响巨大,在世界范围内气候环境变化对水资源变化的影响研究,得到了广泛的关注和重视。

1.3　土地利用变化对径流影响的研究现状和进展

土地利用即人们以取得某些利益为目的,对土地实施保护、改造等措施,根据土地的特殊属性,进行生产性或非生产性活动的方式和结果。在水文学概念里,人类活动即人类完成的各种建造工程、土地利用类型的变化和对气候条件的各种生产、生活及经营活动[107]。仇亚琴等提到人类活动的作用对水文循环中的影响大致包含以下情况:第一种情况为人类的活动对水文循环的直接影响,随后引起水文循环改变;第二种情况为人类的活动带来了某些地区的改变,从而非直接地改变水文的循环过程[108]。人类的活动对水资源的影响主要途径包含以下两个:第一种途径是通过影响流域产汇流过程,第二种情况是通过改变流域下垫面条件,即改变各种土地利用类型,重新分配耕地、草地、林地、城镇用地所占比例和建设各类水利工程等。尤其是近年来城镇化的步伐加快,对区域用地比例有着较大的影响。结合国内外相关文献的研究可知,对土地利用研究主要包括以下几个方面:基于不同空间尺度的土地利用学机制;全球空间统计模型;土地利用的变化及预测方法研究;土地利用类型和区域研究;土地覆被动态变化的技术应用。

Arnold 等[109-110]对土壤类型图、土地利用图和河流水系图进行处理,建立数据库,运用长序列数据进行水文循环计算,取得了较为满意的模拟结果,说明土地利用变化对径流影响显著;Behera 等[111]选取半干旱区域为研究区,利用 SWAT 模型研究发现导致径流变化权重最大的影响因子为土地利用变化;Hernandez[112]通过降雨径流相互关系的模拟计算,得出土地利用改变可以明显的引起径流的改变。Weber 等[113]根据对中小尺度流域径流模拟,得出研究区的径流量与林地所占比例成反比,与草地所占比例成正比。Sanjay 等[114]在遥感技术等新技术的支持下,进行了土地利用/覆被变化对黑河流域产流过程影响的模拟研究。Nasetto 等[115]以 SWAT 模型为手段,分析土地利用/植被变化的局部地区水文循环响应,结果表明土地利用的变化对水文循环机制有着显著影响。

在进行土地利用对径流量影响研究中,我国学者也较早地开始了研究工作,国内学者在该方面完成了大量研究,刘昌明等[116]选取多年土地利用变化资料,把 SWAT 模型运用黄河河源区流域,利用模型将流域划分为 54 个子流域,模拟土地利用变化引起的水文响应,得出该流域径流变化的主要原因是土地利用的改变。陈引珍等[117]通过 SWAT 模型在清港河研究区进行径流模拟,分析研究 3 种极端的土地利用情况的径流模拟结果。魏超等[118]基于 RS 技术对山东省泰安市的土地利用变化进行了定量研究。2005 年,李道峰等[119]利用 6 种土地利用变化和 26

种不同气温和降水组合,得到草地比重的增加会导致蒸发量变多,年径流量反之。王学等[120]在白马河研究区建立 SWAT 模型数据库,通过研究发现,有林地比重、草地比重、水域比重以及城镇用地比重的增加会增加年径流量,而随着耕地的增加会减少年径流量。

1.4 水文模型参数优选研究进展

水文模型在应用过程中,因其成本低、便于操作、效率高等特点,在生产实践中运用非常广泛,模型中的参数选取对模型的优选结果有着至关重要的作用,如何用最简单高效的方法获得最优参数,一直是各学者的研究重点。水文模型所含的参数通常按照其作用和所处阶段进行分类,如蒸散发参数、产汇流参数等,也可以按照参数本身意义进行分类,如经验参数、物理意义明确的参数等,参数优选的范围,则根据实际资料结合实际情况选取。

随着计算机技术飞速发展,流域水文模型经济和技术方面获得的支持越来越多,水文模型与计算机自动优选方法的结合使用变得更加频繁[121]。水文模型应用越来越广泛,早期的参数率定主要是运用人工试错法,这种参数率定方法需要消耗大量时间,且需要有经验的人员才能取得较好结果。水文模型参数优选过程中有很多不确定性,如何更快更好地选出最优参数逐渐得到大家的重视。

流域水文模型主要通过输入水文资料进行水文过程模拟,最终得到模型求解结果,在此过程中,水文模型的参数决定着模拟的整个过程,直接影响模拟精度。水文模型参数获取的方法主要有:人机结合方法、人工试错法和计算机自动优选参数[122]。其中,人工试错法主要是依靠参数调试人员的经验进行参数的选取,这种方法在调试过程中受人员的主观因素影响较大,且耗时耗力;自动优选方法主要是利用计算机技术,结合具体的水文模型,设置目标函数,经过多次循环迭代,得到满足多个目标函数的水文模型参数,这种方法在一定程度上减小了人员的主观性,且参数率定工作耗时少、精度高,在计算机自动优选过程中,选择的迭代次数以及参数优选的初值对于水文模型结果影响很大;人机结合的优选方法顾名思义,是计算机自动优选参数方法和人工试错法方法的结合,这种方法是依靠经验及计算机技术同时对参数进行调整,得到最优参数,是三种方法中相对较好的[121]。

目前,解决水文模型参数优选的常用算法有 GLUE(Generalized Likelihood Uncertainty Estimation)[123]、SCE-UA(Shuffled Complex Evolution)[7]、GA(Genetic Algorithm)等[124]。流域水文模型结合先进的优化算法,提高了水文模型参数率定的工作效率,获得了更高的精度。

第2章 洪安涧河流域概况

2.1 流域概况

2.1.1 地理位置

古县位于临汾市东北部,地理坐标为东经 111°47′~112°11′,北纬 36°2′~36°35′。古县地势西北高、东南低,境内山岭连绵重叠,西北部霍山主峰老爷顶为境内最高峰,海拔 2346.8m;西南部低,为黄土丘陵,连绵起伏,沟壑纵横。涧河北支由北而南,纵贯县境中北部,出境处海拔仅有 590m(城关镇偏涧村下河滩)。全县相对高差达 1756.8m,地形复杂。古县地质由太古界霍县群,中元古界长城系,下古生界寒武系、奥陶系,上古生界石炭系、二叠系,中生界三叠系、侏罗系,新生界第三系、第四系构成。地貌类型可分为北部石质山区、中东部土石山区和南部黄土丘陵沟壑区。古县境域南北长 56.85km,东西宽 20.05km。

本书选取东庄水文站以上洪安涧河流域为研究区域,洪安涧河流域隶属于山西省古县,洪安涧河流域集水面积 983km²,而古县集水面积 1222km²,洪安涧基本上覆盖了古县 80%的流域面积。地理位置坐标为东经 111°49′~112°21′,北纬 36°07′~36°28′,研究区基本覆盖了古县所在区域。

2.1.2 河流水系

按照水利部河湖普查河流级别划分原则,洪安涧河流域内 2 级河流有 1 条,为洪安涧河;3 级河流有 3 条,分别为大南坪河、麦沟河、旧县河;4 级河流有 2 条,分别为永乐河和石壁河。洪安涧河流域河流水系见图 2-1,流域内河流基本情况见表 2-1。

1. 洪安涧河

洪安涧河为汾河的一级支流。洪安涧河起源于古县北平镇北平林场水眼沟(河源经度 111°1′23.3″,河源纬度 36°34′58.8″,河源高程 1845.7m),自西向北流经古县、洪洞县,于洪洞县大槐树镇常青村汇入汾河(河口经度 111°38′5.0″,河口纬度 36°15′11.1″,河口高程 438.7m),河流全长 84km,流域面积 1123km²,河流比降为 10.44‰。古县境内流域面积为 974.3km²。

图 2-1　洪安涧河流域水系图

表 2-1　洪安涧河流域内河流基本情况表

编号	河流名称	上级河流名称	河流等级	流域面积/km²	河长/km	比降/‰	县境内流域面积/km²
1	洪安涧河	汾河	2	1123	84	10.44	974.3
2	大南坪河	洪安涧河	3	71.2	17	17.52	71.2
3	麦沟河	洪安涧河	3	70.5	24	18.88	65.4
4	旧县河	洪安涧河	3	381	40	12.13	380.1
5	石壁河	旧县河	4	100	23	13.57	100.0
6	永乐河	旧县河	4	101.3	15	13.76	101

2. 大南坪河

大南坪河为洪安涧河的支流。大南坪河起源于古县北平镇千佛沟村麻糊沟（河源经度112°5′18.6″,河源纬度36°30′31.8″,河源高程1313.6m）,自西北向东南流经古县,于古县古阳镇古阳村汇入洪安涧河（河口经度112°1′6.4″,河口纬度36°25′1.0″,河口高程928.4m）,河流全长17km,流域面积71.2km²,河流比降为17.52‰。古县境内流域面积为71.2km²。

3. 麦沟河

麦沟河为洪安涧河的支流。麦沟河起源于安泽县府城镇原木村火烧凹（河源经度112°3′1.5″,河源纬度36°20′3.6″,河源高程1191.8m）,自西北向东南流经安泽县、古县,于古县岳阳镇张庄村汇入洪安涧河（河口经度111°54′4.3″,河口纬度36°14′54.8″,河口高程638.8m）,河流全长24km,流域面积70.5km²,河流比降为18.88‰。古县境内流域面积为65.4km²。

4. 旧县河

旧县河为洪安涧河的支流。旧县河起源于安泽县吉县南垣乡南圈林场南安（河源经度112°3′48.5″,河源纬度36°3′56.1″,河源高程1289.8m）,自东南向西北流经古县,于古县岳阳镇五马村汇入洪安涧河（河口经度111°52′30.6″,河口纬度36°13′50.9″,河口高程603.0m）,河流全长40km,流域面积381km²,河流比降为12.13‰。古县境内流域面积为380.1km²。

5. 石壁河

石壁河为旧县河的支流。石壁河起源于石壁乡高城村紫树圪塔（河源经度112°5′51.9″,河源纬度36°17′10.5″,河源高程1151.5m）,自东北向西南流经古县,于古县石壁乡贾村汇入旧县河（河口经度111°56′26.6″,河口纬度36°12′32.0″,河口高程715.3m）,河流全长23km,流域面积100km²,河流比降为13.57‰。古县境内流域面积为100.0km²。

6. 永乐河

永乐河为旧县河的支流。永乐河起源于古县永乐乡范寨村曲里沟（河源经度112°8′28.6″,河源纬度36°7′27.0″,河源高程1133.1m）,自东向西流经古县,于古县旧县镇交口河汇入旧县河（河口经度111°1′14.5″,河口纬度36°9′26.6″,河口高程845.6m）,河流全长15km,流域面积101.3km²,河流比降为13.76‰。古县境内流域面积为101km²。

2.1.3　土壤条件

因土壤形成原因和古县所处地理环境的差异,东庄站上游洪安涧河流域内土壤类型比较多,共 11 种土壤。其中黄绵土最多,占 50.33%,其次为褐土和粗骨土,分别为 18.80% 和 15.31%。此外还有少量的褐土性土、石灰性褐、棕壤、潮土、山地草甸、石质土、中性石质、新积土和红黏土。各类土壤的分布具有一定的规律性。洪安涧河流域土壤类型空间分布图如图 2-2 所示。

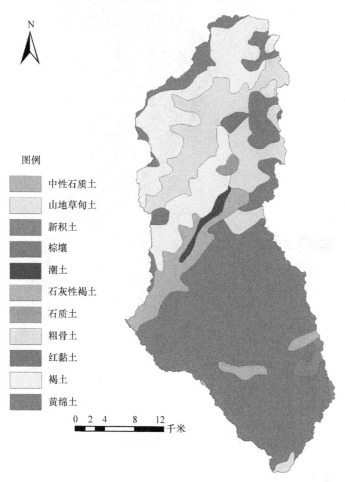

图 2-2　研究区土壤类型图

2.1.4　土地利用情况

古县植被覆盖率为 38.90%,其中森林面积 325.0km²,草地面积 45.0km²(截至 2013 年）。野生植物资源丰富,现已发现 200 余种。根据《临汾水文水资源勘测分局山洪灾害分析评价报告编制技术服务项目》(以下简称《临汾市山洪灾害分析评价项目》)中提供的数据和资料,洪安涧河流域内土地利用状况分为四类:有林地、耕地、草地和房屋建筑区,如图 2-3 所示。

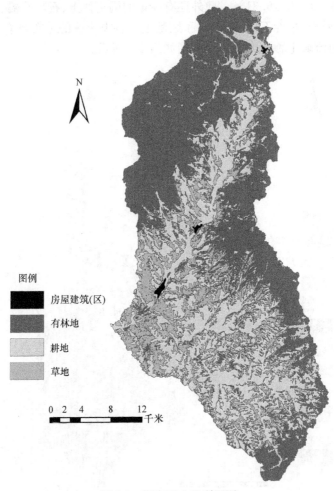

图例

- ■ 房屋建筑(区)
- ■ 有林地
- □ 耕地
- ■ 草地

0　2　4　　8　　12 千米

图 2-3　研究区土地利用图

2.1.5　工程概况

1. 非工程措施

目前,古县山洪灾害防治非工程措施项目已基本建设完成,包含自动雨量监测站 16 处、自动水位站 4 处、简易雨量监测站 94 处、预警广播 70 处。通过这些站点的布设,构成古县山洪灾害监测预警体系站网;建成 1 个县级预警平台、7 个乡镇级预警设备(信息平台和无线报警发送站)、50 个预警点组成的从预警平台到重点防治区域的报警体系。除此之外,古县境内雨量采集点有临汾市水文水资源勘测分局设置的 13 个自动雨量站、2 个河道水文站。

项目实施以来,古县监测预警能力大幅提升,建立了各项防汛工作责任制,在开展防汛检查、山洪灾害防御、通信联络、物资供应保障、防汛机动抢险队伍建设、山洪灾害宣传、洪涝灾情统计等项工作取得了一定成绩,积累了一定经验。

2. 工程措施

1)水库

古县境内现有小型水库 1 座,建于 2008 年。五马水库位于临汾市古县五马村洪安涧河南支的旧县河上,坝址以上控制面积为 348.8km²,总库容 542 万 m³。五马水库是一座以工业供水、发电为主,农业灌溉、防洪、养殖、旅游等为辅的综合利用的小(一)型水库。主坝尺寸坝高 45.1m,主坝尺寸坝长 240m。

2)水闸

古县现有水闸工程 1 座,建于 1958 年。跃进渠进水闸位于临汾市古县岳阳镇偏涧村洪安涧河上,为引(进)水闸。

3)塘(堰)坝

古县现有塘(堰)坝 1 座,为水泉沟骨干坝,总库容分别为 50.3 万 m³。坝高20m、坝长 113m,为碾压混凝土坝。

2.2　历史山洪记录

2.2.1　历史文献洪水资料记载

在《山西省历史洪水调查成果》和《山西洪水研究》可查询到研究区域的历史洪水记载。多数来源于当地县、州、府等土地志记载,还有洪水碑刻、家书和其他文献等。该县文献洪水记载共 3 条。洪水发生年份分别为 1652 年、1724 年、1942 年,见表 2-2。

表 2-2　古县文献记载洪水统计表

序号	年份	记载	资料来源
1	1652	岳阳各处暴雨未歇,河水暴涨,河水漫堤冲地数顷	地区水文手册
2	1724	永乐河大水,冲毁房屋数间	调查
3	1942	汾河、团柏河、对竹河大水	调查

2.2.2 山西省历史洪水调查成果

《山西省历史洪水调查成果》是目前资料最为完整且较为详尽的历史洪水调查成果,查阅成果中的暴雨洪水调查资料,在古县范围内,有一场发生于1918年的洪水调查,洪水的主要发生区域为岳阳镇涧上村,主要发生在洪安涧河流域,见表2-3。

表2-3 古县历史洪水调查成果统计表

调查地点				调查洪水	
水系	河名	河段名	地点	洪峰流量/(m^3/s)	发生时间
汾河	洪安涧河	涧上	岳阳镇涧上村	4965	1918

2.2.3 当地水旱记载

作为古县历史洪水调查成果的补充。收集了各地县志、水利部门对洪水的记载,本次共收集洪水记载9条,洪水发生年份分别为1895年、1897年、1922年、1933年、1968年、1988年、2003年、2009年、2010年。历史洪水调查的统计结果见表2-4。

表2-4 洪安涧河流域当地部门历史洪水调查成果统计表

序号	发生时间	位置	洪水灾害描述
1	1895	古县	秋淫雨,倒房无数
2	1897	古县	农历五月下大雨,河水长得很快,人畜受伤众多
3	1933	古县	农历六月大雨连绵,河洪为灾,冲没栏石桥牌坊一座,洪水冲走(黄姓夫妇)二人
4	1922	县城	县城洪峰2350m^3/s
5	1968	县城	旧城南门外农田尽毁,城内段姓房屋塌,压死两个女孩
6	1988-7	古县	连日降大雨,境内公路遭到严重破坏
7	2003-4-17	古阳镇	古阳镇江水平流域局部暴雨,江水平煤矿进水,损失惨重
8	2009-7-19	古县	全县境内普降大到暴雨,降雨量109.1mm,洪峰流量100m^3/s,淹没农田130亩①,房屋受损27间,桥梁受灾5座,损失惨重
9	2010-8-9	洪安涧河流域	凌晨2~3时,洪安涧河岳阳镇城关到下冶局部突降暴雨,42户150余口人家中进水,冲毁农田200余亩,损失惨重

①1亩=666.6m^2。

历史旱灾统计结果见表2-5。

表 2-5 洪安涧河流域文献记载旱情统计表

序号	年份	记载	资料来源
1	1472	山西全省性旱和大旱	山西通志
2	1720	山西全省性大旱	山西自然灾害史年表
3	1721	山西全省性持续大旱	山西自然灾害史年表
4	1722	山西全省性大旱中部尤甚	山西水旱灾害
5	1936	十二月太原地震,全省持续性大旱	山西自然灾害史年表
6	1960	山西晋南旱象严重	山西水旱灾害
7	1965	山西全省性大旱,晋南春天和夏天连续干旱,尤其伏旱	山西水旱灾害
8	1972	山西全省性大旱,整个三伏天无雨	山西水旱灾害
9	1978	全省严重干旱的同时,风、雹、冻、病虫害亦严重发生	山西水旱灾害
10	1987	山西全省性旱,严重的有忻州、临汾西部、吕梁、太原市等	山西水旱灾害

2.3 社会经济概况

古县下辖 7 个乡镇,分别为北平镇、古阳镇、岳阳镇、旧县镇、石壁乡、永乐乡、南垣乡。古县人口大部分以汉族为主,在第六次人口普查中,古县的常住人口有91798 人,人口密度 70.2 人/km²。2012 年,古县国内生产总值为 62.45 亿元,规模以上工业增加值为 50.98 亿元,固定资产投资为 28.8 亿元,城镇居民的人均可支配收入为 20543 元,农民人均纯收入为 6381 元。

第 3 章 变化环境下的洪安涧河流域径流响应机制

随着全球工业和经济的飞速增长,各种能源消耗也在极速攀升,带来的直接后果就是各种温室气体的排放量也呈井喷式爆发,温室气体已经对地球环境和人类活动产生了非常不利的影响,而且这种趋势还在不断的加剧。以具有代表性的 CO_2 气体为例,据统计,全球 2015 年总排放量为 357 亿 t,其中美国、俄罗斯、中国、欧洲联盟加上日本,占到全球排放量的七成以上,各国占比为 15.2%、5.2%、29.8%、9.7% 及 3.4%。签定于 2015 年的《巴黎气候变化协定》明确制定了长期的战略发展目标,以应对全球变暖带来的问题。

(1) 通过采取各种手段,国家之间通力合作,对比工业化时代之前的全球气温,将现阶段温度升幅控制在 1.5℃ 以内,最大不超过 2℃。

(2) 通知各国尽快承诺并履行其应该承担的减排目标,在 2050 年前后达到节能减排的长期目标。

(3) 通过开源节流等有效手段,至 2030 年全球年碳排放量最大不超过 400 亿 t,力争在 2080 年实现最终目标——净零排放。

全球变暖趋势不断加剧,水资源形势也因为各种极端气候变化而变得严峻起来。在流域水文循环过程中起到决定性作用的是气候变化和土地利用类型变化两部分。气候变化中主要影响因素有:流域多年平均气温变化、流域多年平均降水量变化、流域蒸散发等,这些因素改变了水资源原本的时空分布,在很大程度上造成了流域水资源在时间和空间上的再次分布,并直接引起区域水量平衡的变动;土地利用类型变化中具有显著性影响的因素包括,流域土地利用类型和植被覆盖的变化情况,通过作用于流域下垫面构成情况,直接改变了流域水文循环过程和流域的水量平衡。

本章洪安涧河流域为研究背景,分别从气候、土地利用类型、水库塘(堰)坝建设三方面探讨变化环境对流域径流的影响及其响应机制,采用气候变化情景假定法,以 1976～2015 年的气候资料和 2015 年研究区域土地利用类型资料为模型输入,依托 SWAT 模型探讨气候与土地利用变化对流域径流变化的影响。

3.1 气候与土地利用变化对径流的影响研究

3.1.1 气候变化下径流响应机制研究方法

在当前的研究领域,尚没有一种非常成熟可靠的模型方法可以直接对气候变化引起的径流变化作出预测。在分析洪安涧河流域由气候变化引起的径流变化时,还需要通过综合研究流域降水量、流域气温、流域蒸发量等因素在长系列时间内的变化情况,来分析确定流域径流量的变化趋势。目前常用的研究方法如下。

1) 统计模型法

统计模型法,首先要收集研究区域长系列的水文资料、气象资料和其他相关资料,分析研究该区域的气候长期变化规律,结合实测资料和多种数学方法建立研究区域的气候统计模型,用以研究气候变化对研究区域的年径流量变化的影响分析。

2) 全球环流模式法

全球环流模式是全球尺度的大气环流模式。大气环流一般是指具有世界规模的、大范围的大气运行现象。其环流时间在数天左右,垂直高度都在万米以上,水平长度常持续数千千米的一种大气大范围运动的物理状态[125-126]。利用全球环流模式法搭配分布式水文模型,可以获得未来的气候变化情景模拟数据,以此预测流域年径流量在气候变化下的波动程度。

3) 综合预测法

综合预测法是在上述的第一种、第二种研究方法的基础上,结合全球环流模式法的模拟结果和基于长系列水文实测资料的基础上的统计模型法,用以对未来气候形势下流域年径流量变化程度作出预测判断。

4) 气候变化情景假定法

气候变化情景假定法通过预定气候情景变化方式,即人为假定在未来的时间内,流域平均气温的变化范围、流域降水量的变化范围,组合起来构成未来的气候变化趋势。将变化形势输入到水文模型中,可以计算得到各种组合下的径流变化趋势。

3.1.2 流域气候特征分析

洪安涧河流域地处山西省中部,属于典型的温带大陆性季风气候,在季节性全球大气环流的作用下,该流域有着四季分明的特点,主要表现在:春季风频雨少,气温变化幅度大;夏季酷热多雨,平均气温高;秋季湿润爽朗,空气湿度大;冬季干燥阴冷,平均气温低;年平均气温 11.9℃,1 月份平均气温－3.7℃,每年 1 月份是研究区域最冷的时间段;7 月份月平均气温 24.8℃,每年 7 月份是研究区域最热的时间段;历史最高气温为 39.1℃,历史最低气温为－23.6℃。流域内年降水量自东北向西南递增,降水大部分集中在洪安涧河的汛期,即 6～9 月。年内分布极不均匀,洪安涧河流域 1976～2015 年的月平均降水和平均气温见图 3-1。

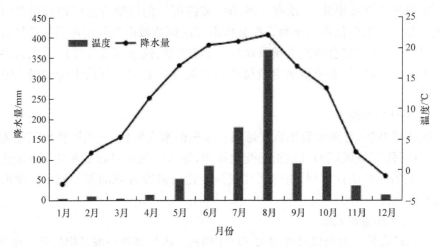

图 3-1 洪安涧河流域历年平均降水与气温图

3.1.3 气候变化情景模拟结果分析

在气候变化情景模拟中,以 1976～2015 年的气候资料和 2015 年研究区域土地利用类型资料为模型输入,通过分析计算气温和降水变化两种情况组合,依托 SWAT 模型分析得到 49 种变化情景下的年径流变化率,SWAT 模型的原理及其构建详情见第 5 章的内容,年径流的变化率计算公式如下:

$$b = \frac{y_i - y_0}{y_0} \times 100\%$$ (3.1)

式中,y_i 为第 i 组合情景下流域年均径流量(m^3/s);y_0 为实测数据的年均径流量(m^3/s)。

气候变化情景模拟计算结果如表 3-1、图 3-2 和图 3-3 所示。

从表 3-1、图 3-2 和图 3-3 中的情况来看,洪安涧河流域的年径流变化态势与流域内的气温变化幅度和降水量变化幅度息息相关,主要表现如下。

表 3-1 洪安涧河流域气候变化情景模拟分析

		降水量变化 P/mm						
		−20%	−15%	−10%	0	10%	15%	20%
气温 变化/℃	$T-2$	−29.8	−24.8	−16.9	3.7	23.6	30.4	38.5
	$T-1.5$	−29.4	−25.2	−17.8	2.9	21.9	29.2	36.6
	$T-1$	−28.7	−22.7	−17.6	2.3	20.8	28.6	33.8
	0	−27.6	−21.6	−15.8	0	18.5	24.9	30.2
	$T+1$	−28.9	−23.5	−17.9	−0.7	18.3	20.6	33.4
	$T+1.5$	−29.6	−25.9	−18.2	−1.2	18.0	21.9	32.5
	$T+2$	−30.7	−26.3	−19.1	−1.9	17.8	22.5	31.9

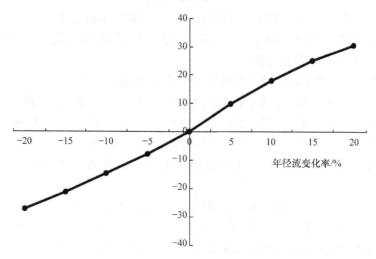

图 3-2 洪安涧河流域降水量变化情境下年径流变化率

1) 气温和降水量对流域径流量的不同影响

气温的变化趋势同流域的径流量变化趋势呈反向的相关关系,当流域气温逐渐降低的同时,流域的年径流量呈升高的趋势,反之则呈现降低的趋势;降水量的变化趋势同流域的径流量变化趋势呈正向的相关关系,当流域降水量增加时,流域的年径流量呈升高的趋势,反之则呈现逐渐降低的趋势。当降水量(P)保持不变时,温度(T)升高 2℃,流域年径流变化率为−1.9%,呈下降态势;当温度保持稳定,流域增加 20% 的降水量流域的年径流变化率为 30.2%,呈上升态势。

2) 气温对流域年径流量的影响力度不如降水量显著

当降水量保持稳定时,气温分别降低或升高 2℃,对应流域年径流变化率分别

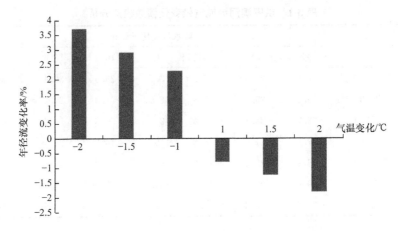

图 3-3　洪安涧河流域气温变化情境下年径流变化率

为－1.9％和3.7％；当气温保持不变时,降水量分别减少或增加20％时,流域年径流变化率分别为－27.6％和30.2％；通过分析可以看出,影响流域年径流量的决定性因素是流域降水量的变化。

3）降水量递增比降水量递减对流域年径流量的影响更大

从表3-1来看,当降水量增加幅度为10％、15％、20％时,年径流的变化率为18.5％、24.9％、30.2％,当降水量减少幅度为10％、15％、20％时,年径流的变化率为－15.8％、－21.6％、－27.6％,由此可以看出：流域年径流量随降水量减小而变化的下降幅度,明显低于流域年径流量随降水量增加而变化的上升幅度。

4）流域年径流量变化程度在双重因素的情境下更为显著

本次研究中一共预设了49种变化情景,在S43情景中,即当降水量设定为最小、气温设定为最高时,其流域年径流情况较S25情景（正常情景）下流域年径流量减少了30.7％。S43情景是洪安涧河流域的一类极端气候变化类型,此时洪安涧河流域内年径流量出现断崖式下跌,用水量严重不足,引发流域内用水分配问题,此时流域内防旱应该为主要工作；在S7情景中,即降水量设定为最大,气温设定为最低时,其流域年径流情况较S25情景（正常情景）下流域年径流量增加了38.5％,这是洪安涧河流域的另一种极端气候情景,此时洪安涧河流域内河水暴涨,年均径流量增加幅度最大,考虑到洪安涧河所处流域山洪自然灾害情况较多,在该种气象情景下出现汛情可能很大,需要以防洪工作为当前工作重点。

3.2　土地利用变化下的径流响应机制

3.2.1　土地利用类型变化下径流响应机制研究方法

土地利用变化对径流的影响大多体现在流域下垫面的改变上,当受到人类活动的影响以后,流域下垫面的土地使用状态有了很大程度的改变,进一步地波及了整个流域的水文循环过程。土地利用类型变化原因呈现出多样化特点[127-130]:诸如城镇化、大规模的退耕还林、兴修水利、水土保持、生态湿地保护工作的开展等都可能引起土地利用类型的变化,流域的年径流量、地下水资源储藏量、河道丰水季和枯水季的径流、流域整体的水文特征和河道的水文特性都与流域土地利用类型变化密切相关。

当城镇化进程加快,大量增加建设用地,流域下垫面的不透水层面积激增,必然会增加流域的径流量;而在退耕还林的过程中,随着草地和林地面积的扩大,流域整体的入渗量会随之增加,径流量会随着减小;在大规模围湖造田的情况下,也会增加流域径流量,增加洪涝灾害发生的可能性。

在分析土地利用类型变化对径流的影响时,必须考虑研究区域的空间尺度、自然地理特征、社会经济特点等诸多因素,常用分析方法如下。

1) 土地利用类型空间配置法

该方法综合考虑研究区域的社会条件、经济状况、生产力发展情况、工业化程度、农业发展情况和城镇化进程等因素,确定土地利用类型变化的空间配置关系。

2) 历史土地利用资料反演法

该方法取研究区域过去某个阶段的土地利用资料,作为未来某个时间段的土地利用情景,将资料输入水文模型中模拟计算,同基于现阶段土地利用类型下的流域径流进行对比,进一步分析径流变化情况。

3) 参照流域法

该方法选取与研究流域具有相似或相近水文特性,且下垫面构成情况类似的研究区域作为对比研究区域,可以验证某些土地利用类型在同一流域和不同流域的情景下对径流的变化趋势的影响作用。

4) 土地变化趋势模型预测法

该方法基于现阶段已有的分析模型,利用研究区域最新的土地规划,土地立法政策和未来的大政方针,模拟未来的土地变化趋势。

5) 极端土地利用情景法

该方法主要用于分析在各种极端土地利用状况下,研究区域的径流变化趋势,通过分析计算获得研究区域年径流量的可能变化幅度,为流域水资源管理、优化配置等提供合理性建议。

3.2.2 土地利用类型资料处理

在研究土地利用类型对洪安涧河流域年径流量的影响分析中,选取了1990～2015年中6个典型年份的中国土地利用类型数据,全国土地利用分类表见表3-2。在自然和人类活动作用下,均可在很大程度上改变土地利用类型,土地利用类型变化包括:空间上的结构分布、组合方式变化,以及数量、质量、结构等要素随时间的变化。

根据已划分好的流域边界,本书运用 ArcGis 中工具箱的裁剪功能,通过切割获取洪安涧河流域的土地利用类型图层。

表 3-2　中国土地利用类型分类详表

一级类型		二级类型		
编号	名称	编号	名称	含义
1	耕地	/	/	种植地包括作物地、熟耕地等。滩地和海涂中农作物种植地及耕种三年以上的
		11	水田	具有灌溉条件的区域,包括莲藕种植地、水稻种植地等。注:111. 山地水田;112. 丘陵水田;113. 平原水田;114. >25°坡地水田
		12	旱地	靠天然降水种植旱生农作物的耕地,无灌溉设施的土地。注:121. 山地旱地;122. 丘陵旱地;123. 平原旱地;124. >25°坡地旱地
2	林地	/	/	生长灌木、乔木、竹子、等树木的林业用地
		21	有林地	郁闭度>30%的树木种植地
		22	灌木林	郁闭度>40%且高度在2m以下的树木种植地
		23	疏林地	10%>郁闭度>30%的树木种植地
		24	其他林地	除疏林地、灌木林地之外的树木种植地
3	草地	/	/	主要有5%以上覆盖程度的草地、郁闭度10%的疏林地等等土地种类
		31	高覆盖度草地	覆盖程度>50%的草地
		32	中覆盖度草地	10%<覆盖程度<30%的草地
		33	低覆盖度草地	5%<覆盖程度<20%的草地
4	水域	/	/	水利设施建设用地和天然水域等区域
		41	河渠	包括天然渠和人工渠,人工渠包括堤岸等
		42	湖泊	主要指天然积水区

一级类型		二级类型		
编号	名称	编号	名称	含义
		43	水库坑塘	人工作修建的水库、水塘、水坝等积水区
		44	永久性冰川雪地	永远被冰雪笼盖的地区
		45	滩涂	潮涨潮退之间的土地
		46	滩地	河道两侧洪水时期和无洪水时期的土地
5	城地	乡建设用/	/	城市和乡村的建设用地
		51	城镇建设用地	城市居民为了生活、生产活动而建的生活区域
		52	农村建设用地	乡镇、农村居民为了生产、生活而建的活动区域
		53	其他建设用地	大型工业区、煤矿等
6	未利用土地	/	/	截止调查时间为止未开发利用的土地
		61	沙地	表层沙地,其上植被覆盖程度<5%的土地,如沙漠
		62	戈壁	表层为砾石,其上植被覆盖程度<5%的土地
		63	盐碱地	表层盐碱成分较多的土地
		64	沼泽地	地表潮湿,长期或季节性的有积水存在的土地
		65	裸土地	表层为土,其上植被覆盖程度<5%的土地
		66	裸岩石质地	表层为石砾,其上植被覆盖程度>5%的土地
		67	其他	除61~66描述之外的其他未利用土地类型

1. 土地利用类型变化率

由表 3-3 可知,在洪安涧河流域中,建设用地、林地和草地三种土地利用类型面积就达到 653km²,占总面积的 66.2%;在此基础上加上耕地,面积达到 985km²,占总面积的 99.7%;分析数据可知 1990~2015 年间,研究区域未出现大范围的土地利用类型变化,各土地利用类型面积保持稳定。可以看出人类活动在这 25 年间,作用于研究区域并不明显。

林地面积相比于 1990 年增加了 0.5%,其中有林地和疏林地等利用类型的面积,在保持稳定的情况下有小幅增加,灌木林地等利用类型的面积有小幅减小。

在绿地方面,2015 年绿地面积相比 1990 年减少了 0.36%,各种草地利用类型面积变化情况,为中低覆盖率的绿化面积有少量增加,高覆盖率绿化面积减少的幅度很小,从整体形势来看,有很微弱的草场退化趋势。

在耕地方面,2015 年的面积相比于 1990 年增加了 0.2%,面积减下的趋势非常微弱。

在 1990~2015 年的 25 年间,洪安涧河流域的各土地利用类型面积均保持稳定,未出现大幅度的波动情况。1990~2015 年间所有土地利用类型的面积相似程度非常高,平均在 97% 左右。

表 3-3　1990~2015 年洪安涧河流域各土地利用类型面积　(单位:km²)

类型 年份	林地					耕地					建设用地			水域	草地				合计
	有林地	灌木林	疏林地	其他林地	合计	山地旱地	丘陵旱地	平原旱地	>25°坡旱地	合计	城镇用地	居民点	合计	滩地	低覆盖度	中覆盖度	高覆盖度	合计	
1990	385	30	11	1	427	165	158	1	3	327	1	1	2	2	22	4	200	226	987.4
1995	384.9	27	14	4	429.7	165.6	158.8	1	3	328	1	1	2	2	23	7.5	192	222.5	987.4
2000	385	25	17	7	432	166	158	1	4	329	1	1	2	2	24	11	184	219	987.4
2005	388	24	17	3	432	166	158	1	4	329	1	1	2	2	24	11	184	219	987.4
2010	388	24	17	3	432	166	158	1	4	329	1	1	2	2	24	11	184	219	987.4
2015	388	24	17	3	432	166	158	1	4	329	1	1	2	2	24	11	184	219	987.4

2. 土地利用类型转移分析

表 3-4 中统计了 1990~2015 年洪安涧河流域 5 种土地利用类型的变化量,单位为 km²;表 3-5 统计了 1990~2015 年各土地利用类型面积的变化比例,单位为%;表 3-6 统计了 5 种地类面积变化值在流域总面积的中所占的比率数值,单位为%;正值代表该种地类面积为扩大态势,负值代表该种地类面积为缩小态势。其中草地类型向林地和耕地类型有转移,其他地类无转移。

表 3-4　1990~2015 年各土地利用类型面积变化数值

时间段	林地	耕地	建设用地	水域	草地
1990~1995	2.5	1	0	0	−3.5
1995~2000	2.5	1	0	0	−3.5
2000~2005	0	0	0	0	0
2005~2010	0	0	0	0	0
2010~2015	0	0	0	0	0

注:变化数值为研究区域 5 种土地利用类型的面积改变量,单位为 km²。

表 3-5　1990～2015 年各土地利用类型面积变化比例

时间段	林地	耕地	建设用地	水域	草地
1990～1995	0.00584	0.003059	0	0	−0.0154
1995～2000	0.00584	0.003065	0	0	−0.0149
2000～2005	0	0	0	0	0
2005～2010	0	0	0	0	0
2010～2015	0	0	0	0	0

注：变化比例为各地类面积改变值在该种地类下所占的面积比率，单位为%。

表 3-6　1990～2015 年各土地利用类型面积总体变化比例

时间段	林地	耕地	建设用地	水域	草地
1990～1995	0.00259	0.001021	0	0	−0.0038
1995～2000	0.00259	0.001021	0	0	−0.0038
2000～2005	0	0	0	0	0
2005～2010	0	0	0	0	0
2010～2015	0	0	0	0	0

注：总体变化比例为各地类面积改变值与研究区总面积的比率，单位为%。

3.2.3　土地利用变化下的径流响应机制

1. 三个时期土地利用情景模拟分析

设置 1985～1990 年为情景 1、1990～1995 年为情景 2、2010～2015 年为情景 3，将 1990 年、1995 年、2015 年土地利用数据和对应时段的气象资料输入 SWAT 模型中进行三个时期期土地利用情景下的径流分析。

表 3-7　三个时期土地利用类型下洪安涧河流域年径流量

情景类型	径流量/亿 m³ 1990 年	径流量/亿 m³ 1995 年	径流量/亿 m³ 2015 年
情景 1	0.69	0.67	0.71
情景 2	0.70	0.68	0.69
情景 3	0.72	0.67	0.68

由表 3-7 可以发现由于 1990～2015 年间研究流域土地变化情况较小，在三期土地利用类型下的流域年径流量变化不大，基本上呈现先减少后增加的趋势，原因在于流域内土地利用类型，从草地向林地和耕地发生了转移。耕地和林地均对流域径流有较好的抑制作用，使流域下渗水量增长，从而降低了流域年径流量。

2. 极端土地利用类型变化情景预设

在本节中采取极端土地类型变化情景对研究流域进行分析,主要研究洪安涧河流域年径流量变化中各种土地利用类型起到的影响作用;以1976~2015年的气象资料为模型输入,在2015年流域土地资料的标准上,预设三种极端土地利用类型情景。

林地情景(S1):在2015年土地利用类型的基础上,改变相应的土壤物理参数,通过在模型中加载重分类,将所有土地均分类为林地。

草地情景(S2):在2015年土地利用类型的基础上,改变相应的土壤物理参数,通过在模型中加载重分类,将所有土地均分类为草地。

耕地情景(S3):在2015年土地利用类型的基础上,改变相应的土壤物理参数,通过在模型中加载重分类,将所有土地均分类为耕地。

三种极端土地利用情景预设好以后,将三种情景对应的资料数据,输入已验证好的模型中作径流模拟分析。

3. 流域年径流量在极端土地利用情景下的响应

通过预设三种极端土地利用情景,输入模型进行水文模拟,以2015年正常土地利用情景下流域径流量为比较标准,经过对比分析可以发现以下规律。三种极端土地利用情景下的流域年径流变化情况见图3-4、图3-5。

(1) 在三种极端土地利用情景下明显发现,当流域内全部为草地时,流域径流量增加了5.6%,而另外两种情景均对流域径流有抑制作用。这说明草地利用类型有修复受损水源地的功能,有助于产汇流。

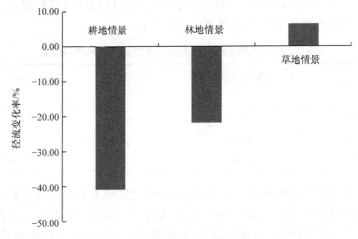

图3-4　三种极端土地利用情景下的流域年径流变化率对比

（2）通过对比分析发现,林地情景和耕地情景均对径流有抑制作用,林地情景相比正常情景,流域径流量减少了 21.8%；耕地情景相比正常情景,流域径流量减少了 41.6%。由此可见耕地相比于林地,对流域年径流量的作用更加明显。

（3）综合分析三种土地利用情景,比较林地情景和草地情景会发现,在全流域草地覆盖时,径流增加幅度为 5.6%,而在林地情景下,径流降低幅度为 21.8%,相比草地情景下增加 16.2 个百分点,分析可知,在林地情景下对流域年径流量的作用远大于草地情景。

（4）林地情景和草地情景对比可知,林地具有更好的调蓄作用,当洪安涧河出现生态环境破坏的情况,可以大面积植树造林,通过存蓄方式减小流域径流量,以达到生态修复的目的。

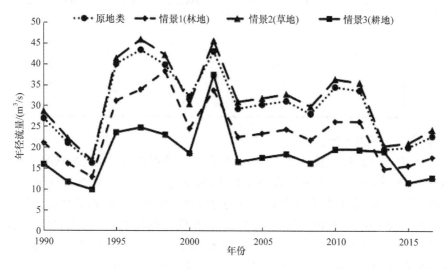

图 3-5　三种极端土地利用情景下的流域年径流变化

3.3　气候与土地利用对径流影响贡献率分析

为了研究洪安涧河流域年径流在长期变化情景中各因素起到的影响作用,利用不同年份的土地利用类型和不同时间序列的气候资料,建立基于研究区域的组合条件下的情景如下。

S1:选取 1990 年的土地资料,代表 20 世纪 80 年代的情况,选取 1981～1990 年的气象数据为 80 年代环境状态,将 80 年代的土地资料和气候状态输入模型,计算当前情景下研究区域径流情况；

S2:选取 2000 年的土地资料,代表 20 世纪 90 年代的情况,选取 1991～2000 年的资料数据为 90 年代的气候状态,将 90 年代的土地资料和环境状态输入模型,计算当前情景下研究区域的径流情况；

S3：选取 80 年代的土地资料和 90 年代的环境状态为模型输入，计算该种情景下的研究区域的径流状况；

S4：选取 90 年代的土地利用情况和 80 年代得气候状态为模型输入，计算该种情景下研究区域得径流状况；

S5：选取 2015 年的利用类型数据，以研究 2001～2015 年的气象资料为模型输入，计算该种情境下的研究区径流情况。

各情景模拟结果见表 3-8。

表 3-8　五种预设情境下的流域径流响应分析

组合情景	模拟径流深/mm	径流深变化量/mm	变化百分比/%
S1	75.9	0	0
S2	82.3	6.4	8.4
S3	77.8	1.9	2.5
S4	76.4	0.5	0.6
S5	84.5	8.6	11.3

由表 3-8 可以看出：

（1）由 S1 和 S2 比较可知，基于 90 年代的土地资料和气象环境状况所建立的情景相对 80 年代，流域径流深提高了 6.4mm，幅度为 8.4%，从结果分析来讲，在该种情景对比中，流域年径流量的增减趋势包含气候和土地结构类型的双重影响。

（2）由 S1 和 S3 对比可知，同样基于 80 年代土地利用类型数据，分别使用 80 年代气候状况和 90 年代气候状况输入模型发现，当前情景下径流深提高了 1.9mm，幅度为 2.5%，在该种情景对比中，气象因素在流域年径流量增减趋势中起到了主导作用。

（3）由 S1 和 S4 的对比可知，在基于相同的 90 年代气候状况下，分别输入 80 年代土地资料和 90 年代土地资料，经过分析可知，流域径流深增加了 0.5mm，变化率仅为 0.6%。在该种情景分析下，只有土地结构变更在流域年径流量增减趋势中起到了主导作用。

（4）由 S1 和 S5 的对比可知，在同时改变土地利用类型和气候资料时间序列时，流域径流量产生了最大幅度的变化，流域径流深增加了 8.6mm，变化率达到11.3%，在该情境下，流域年径流量的增减趋势中土地结构和气象因素都起到了重要作用。

在 1990～2015 年，洪安涧河流域气候变化比较平稳，呈缓慢上升态势，在流域水文循环过程中，气候因素起到影响作用较大，在利用 SWAT 模型模拟流域径流时，对气候因素变化的响应较为明显；土地利用类型情况在 1990～2015 年间变化相对较小,建筑用地和水域几乎没有变化,草地呈缓慢减小趋势,林地和耕地有少量增加,土地结构变更对流域整个水文循环作用微弱,研究区年径流量对土地类型变更所带来的反馈较小。自 1990 年以后,主导洪安涧河流域年径流增减趋势的作用是气象环境。

3.4　水库塘(堰)坝建设对水文要素的影响分析

3.4.1　水库塘(堰)坝数据分析

水库塘(堰)坝数据来源于项目工程:山西省临汾市山洪灾害分析评价。洪安涧河流域中水利设置基本情况如下。

东庄站流域现有小型水库 1 座,名为五马水库。五马水库位于旧县河上,坝址以上控制面积为 348.8km²,总库容为 542 万 m³,是一座以工业供水、发电为主,兼有防洪、灌溉、养殖和旅游等综合作用的小(一)型水库。主坝坝高 45.1m,坝长240m。五马水库位置示意见图 3-6。

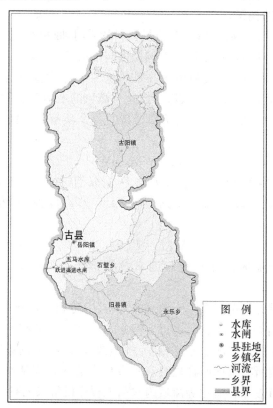

图 3-6　洪安涧河流域水库分布图

3.4.2　水利工程建设影响要素

本节水利工程对水文要素的影响通过新安江模型反映,新安江模型的构建和原理见第 6 章。在新安江模型日模型和次洪模型的计算中,通常认为流域的平均蓄水能力(WM)主要是反映流域的特性,在流域内人类活动频度不是很高、强度不是很大的时候,认为 WM 基本上是不变的。但是随人类活动的日益频繁,流域的下垫面发生了一系列的改变,主要包括水利工程的建设与土地利用类型数据发生的显著变化,在土地利用数据未发生较大改变时,流域内已经建设完成的水库塘(堰)坝等水利工程的建设对流域的洪水过程影响尤为显著[131]。

在实际情况下,不考虑流域内水利工程建设的情况,进行的评价是比较理想的分析状态[132],这种理想状态与实际的水文预报过程有一定的差距。研究中,在土地利用类型数据未发生较大改变时,即不考虑土地利用类型数据变化的条件下,水库、塘(堰)坝等水利工程的库容对流域的蓄水能力有着非常大的影响。因此,将人类活动对小流域的影响考虑进新安江模型必须将流域内的水库、塘(堰)坝等水利工程的建设情况进行统计分析,将水库的库容概化至新安江模型的流域平均蓄水能力中,具体的思路如下。

(1)收集流域内的降雨、蒸发和流量资料的同时,收集水利工程建设的基本信息、运营信息等,为评估水利工程的影响提供基础信息。

(2)调查收集到的流域资料中的大型水库、中型水库及小型水库,参照相关方法,通过计算的手段将水库的有效库容概化至流域的平均蓄水能力中,与流域实际存在的天然蓄水能力纳入,新安江模型计算的各个环节。具体可按照式(3.2)和式(3.3)进行计算。

$$WM = WM_1 + WM_2 \qquad\qquad (3.2)$$

式中,WM_1 为流域内存在的天然的蓄水能力,通常通过流域实地调查获取(研究中通过新安江模型参数率定获得);WM_2 为水库塘坝等对流域天然蓄水能力的影响值,可用式(3.3)计算:

$$WM_2 = B/1000A \qquad\qquad (3.3)$$

式中,B 为水库在流域内概化得到的有效拦蓄能力(m^3);A 为研究流域面积(km^2)。

若某研究流域计算单元在单元水系的上游、中游和下游分别有 3 座水库,三座水库的总库容分别为 V_1、V_2、V_3,考虑实际中水库在水系分布位置的不同,对研究流域内的土壤蓄水容量影响也不尽相同,按照式(3.2)提到的计算方法,本书综合考虑了研究流域内所有水库所在位置和水库自身的库容等基本情况,将流域上中下游各个水库的有效库容概化为流域内水利工程建设带来的有效拦蓄能力进行计算分析。

$$B=\frac{1}{3}V_1+\frac{1}{2}V_2+\frac{3}{5}V_3 \tag{3.4}$$

因为本章中新安江模型采用的是分布式水文模型,所以研究流域内水利工程建设所带来的流域蓄水容量的变化量应针对存在水库的几个单元流域分别进行量化,再经由流域的产流阶段和汇流阶段,最后汇总至流域出口。

3.5　小　　结

本章利用气候情景假定的方法,模拟未来一段时间内流域气温、降水量的组合变化对径流产生的影响,通过 49 种不同的组合方式,利用水文模型分析出正常情景下、极端情景下径流的响应特征,并且结合径流变化率更直观地体现气温和降水的改变带来的影响。同时选取了 6 个年份的土地资料,分析了在 25 年间,研究区域土地组成结构的改变面积和改变率,在此基础上对三个时期的土地结构变更对研究区年径流量的改变作用进行了分析,然后预设三种极端土地情景,发现了差异化的土地结构对流域径流量有着截然相异的控制作用。本章还简述了水库塘(堰)坝建设对水文要素的影响,虽然并未作出过多的探讨,但结合气候和土地利用对径流的影响作用,分析水库塘(堰)坝对径流的影响是十分必要的。

第4章　TIGGE 降雨产品径流预报

降水量的多少在陆地水循环中有决定性的作用,降水预报在径流模拟、洪水预报中也扮演着极其重要的角色。提高降水预报的方法对山丘区洪灾涝灾的发生具有重要意义。目前,降水数据主要通过数值天气预报获取,高预报精度、长预见期是衡量定量降水预报的重要指标,这种确定性预报没有考虑天气动力学系统混沌特性带来的预报的不确定性[132-136],无法为用户提供更多的参考信息[137]。为了克服单一数值天气预报带来的不确定性,国内外近年来展开了一系列集合预报技术研究,将集合预报应用于径流预报、洪水预报、早期预警及洪灾风险评估等方面[138-143]。

集合预报系统不仅考虑了数据初值不确定性的问题,同时考虑了数值模拟过程中的物理描述的不确定性。集合预报产品的数据为一组可能的值的集合,可以为决策人员提供多种信息。世界气象组织(World Meteorological Organisation, WMO)建立了三大交互式全球预报大集合,分别为欧洲中期天气预报中心、美国国家大气研究中心以及中国气象局,为全球的概率天气预报提供数据信息。集合预报系统(Ensemble Prediction System)的发展,为集合预报的研究提供了新的平台,大量研究表明,多模式产品预报与单一预报相比结果更加可靠[144-151]。

4.1　集合预报数据库

4.1.1　TIGGE 数据简介

为改进 1～14 天的天气预报精度,世界气象组织提出一项 10 年期限的世界天气研究计划 THORPEX(The Observing system Research and Predictability Experiment)。TIGGE 作为 THORPEX 计划的核心,主要目的是对多国、多模式集合预报系统进行示范,并提高数据质量,达到检验评估标准。

集合预报充分考虑了大气状态的不确定性,可以减少预报中某些难以预测的部分,从而减少预报误差[152-153]。TIGGE 数据库作为集合预报的基础,具有多模式、多分析、多国集合预报的优点。目前 TIGGE 可接收来自全球 10 个预报中心的气象要素资料,所用数据都可以在欧洲 TIGGE 数据共享中心(网址:http://tigge.ecmwf.int/)下载。基本信息统计见表 4-1。

表 4-1　TIGGE 数据资料信息表

数据提供方	集合成员	分辨率	预测时长	每天预报次数	开始时间
澳大利亚气象局(BOM)	32+1	1.50°×1.50°	10day	2	2007-10
中国气象局(CMA)	14+1	0.56°×0.56°	10day	2	2007-05
加拿大气象中心(CMC)	20+1	0.9°×0.9°	16day	2	2007-10
巴西气象中心(CPTEC)	14+1	0.94°×0.94°	15day	2	2008-02
欧洲中期天气预报中心(ECMWF)	50+1	0.50°×0.50°	15day	2	2006-10
日本气象局(JMA)	50+1	0.56°×0.56°	9day	1	2006-10
韩国气象局(KMA)	23+1	1.00°×1.00°	10day	2	2007-12
法国气象局(Meteo-France)	34+1	1.50°×1.50°	4.5day	2	2007-10
美国气象局(NCEP)	20+1	1.00°×1.00°	16day	4	2007-03
英国气象局(UKMO)	23+1	0.83°×0.55°	15day	2	2006-10

4.1.2　ECMWF 降雨集合预报信息介绍

集合欧洲中期天气预报中心、中国气象局和美国国家大气研究中心是世界气象组织设立的交互式全球预报大集合的三大资料中心,如图 4-1 所示。欧洲中期天气预报中心利用初值在误差允许范围内,使用某种扰动方式产生 50 个集合成员,每个集合成员均产生一组预报降水数据。同时,根据确定的初值产生 1 个控制预报降水数据。本书所用 ECMWF 降雨产品来自欧洲资料归档中心(网址:http://apps.ecmwf.int/datasets/),获取数据的格式有三种,分别是 GRIB、NetCDF 和 the MARS request,本章选取 GRIB 格式的二进制格点数据,利用wgrib2.exe 软件解码,或者利用 Java 开发的集合预报数据自动化处理系统[154]。再整理成 SWAT 模型可以加载的文件。

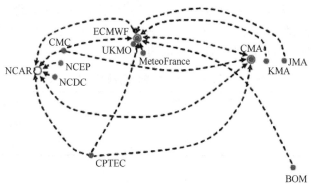

图 4-1　TIGGE 资料全球 3 大交换中心示意

本章旨在研究多模式和多分析集合预报技术与 SWAT 模型的结合,将集合降雨信息应用于径流预报,为决策者提供更多的参考信息。选取的集合预报产品要求各个参与集合的模式预报能力要好,以免较差预报模式的干预降低多模式集合预报效果。ECMWF 数据预报模式产品与其他预报中心的集合预报相比,前 10 天预报的模式分辨率最高[155-156],同时,ECMWF 数据在我国天气预报业务中有着广泛的应用[157]。所以本书采用欧洲中期天气预报中心 ECMWF 发布的降雨集合预报信息作为径流预报的输入信息,以洪安涧河为研究区域,选取建立能够弥补 SWAT 模型单一预报模式边界条件变化、不确定性考虑不足等缺陷的径流预报模型。

4.2　预报数据的检验及精度分析

4.2.1　数据的获取和处理

ECMWF 的集合降水预报数据来源于欧洲资料归档中心,在 Public Datasets 栏中选择 ERA-interim(Jan 1979-Dec 2010),获取的 ECMWF 降水集合数据的空间分辨率为 $0.50° \times 0.50°$,时间分辨率为 24h,下载格式为 GRIB 二进制格点数据。

利用 Java 开发的集合预报数据自动化处理系统处理待解码的 GRIB 二进制格点数据,获得实时集合预报数据产品。发布成员 50 个全选,预报累积时间选取 1d-10d。

考虑到实测降雨资料和径流资料的限制,下载 2007 年 1 月 1 日到 2008 年 12 月 31 日的 ECMWF 日累计降雨集合预报数据(Total Precipitation),解码并整理为每日降雨量数据。洪安涧河流域面积较小,只包含一个格点,因此该格点集合降雨数据可作为研究区预报面雨量。东庄站上游洪安涧河流域共有 7 个雨量站,可采用泰森多边形法求其权重,将 7 个站的点雨量转化为面雨量,作为研究区的实测面雨量,各雨量站所占权重如表 4-2 和图 4-2 所示。将处理后的 10d 预见期降雨集合预报数据和实测降雨数据进行对比,如图 4-3 所示。

表 4-2　洪安涧河上游流域各雨量站权重表

雨量站名称	北平	凌云	金堆	多沟	下冶	永乐	高城
面积/km²	81.0	138.3	71.8	105.0	198.6	189.3	197.9
权重	8.2	14	7.3	10.7	20.1	19.2	20.5

图 4-2　洪安涧河上游流域各雨量站权重图

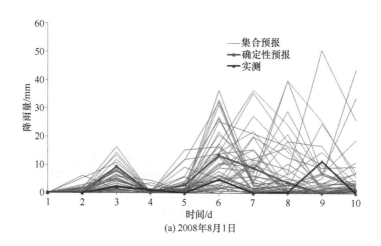

(a) 2008年8月1日

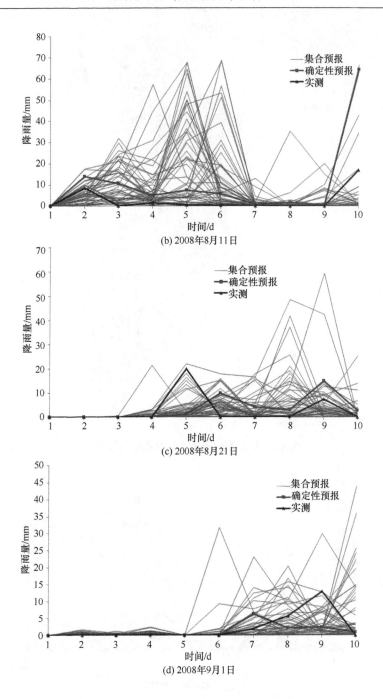

(b) 2008年8月11日

(c) 2008年8月21日

(d) 2008年9月1日

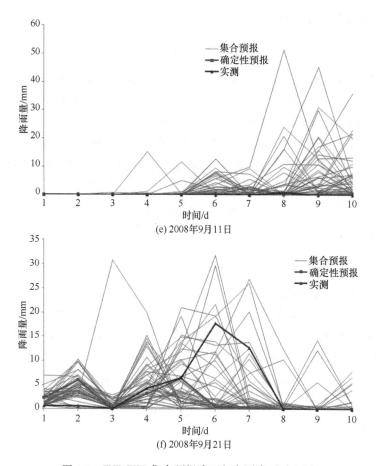

图 4-3　ECMWF 集合预报降雨与实测降雨对比图

4.2.2　ECMWF 数据检验及检验结果

在使用 ECMWF 进行径流集合预报前,需要对集合预报数据进行检验,以评价 ECMWF 降雨模式预报产品的质量。常用的检验方法有 TS 评分(临界成功指数)、BS 评分(预报偏差)。

TS 评分可估测集合预报系统对分类事件的预报能力,计算公式如下:

$$TS=\frac{N_a}{N_a+N_b+N_c} \tag{4.1}$$

式中,N_a 为正确预报事件发生次数;N_b 为空报事件次数;N_c 为漏报事件次数。TS 越接近于 1,说明正确预报事件发生的概率越高,预报效果越好;TS 越接近于 0,说明正确预报事件发生的概率越低,预报效果越差。

BS 评分可以用来评估降水量均方概率误差,具有综合考虑数据可靠性、分辨率能力和不确定性等优点。公式如下：

$$BS = \frac{1}{m} \sum_{j=1}^{m} (P_j - O_j) \tag{4.2}$$

其中,m 为二态分类事件的预报数；O_j 为对应的观测概率；P_j 为对应的预报概率。BS 越接近于 0,说明预报越准确,评分越好；BS 越接近于 1,说明预报效果越差。

在利用 TS 评分和 BS 评分之前,24h 日降雨集合预报数据应按照降雨量大小进行分级。降雨等级按照气象部门的划分标准,分为大暴雨、暴雨、大雨、中雨、小雨和无雨 6 个级别[158]。在数据检验期间内,洪安涧河流域实测面雨量只有两次达到暴雨级别,因此将大暴雨级别和暴雨级别合并,降雨等级分为 5 级,见表 4-3。

表 4-3 降雨等级表

降雨级别	无雨	小雨	中雨	大雨	暴雨
降雨量/mm	0	(0.1,10]	(10,25]	(25,50]	>50

1) TS 评分检验的结果

对 50 个集合预报成员求平均值,计算 ECMWF 降雨预报数据的 50 个成员平均值和控制预报的数值在根据实测面降雨量等级中的命中、空报、漏报数目,再根据式(4.1)进行数据检验,检验结果如表 4-4 和表 4-5 所示。

表 4-4 50 个集合预报成员平均值 TS 分析结果

预见期	1d	2d	3d	4d	5d	6d	7d	8d	9d	10d
无雨	0.91	0.90	0.90	0.89	0.89	0.89	0.87	0.86	0.82	0.81
小雨	0.64	0.62	0.61	0.58	0.54	0.50	0.47	0.44	0.42	0.40
中雨	0.50	0.48	0.40	0.34	0.30	0.32	0.21	0.21	0.17	0.16
大雨	0.46	0.41	0.44	0.35	0.24	0.18	0.22	0.16	0.15	0.12
暴雨	0	0	0	0	0	0	0	0	0	0

表 4-5 控制预报 TS 评分分析结果

预见期	1d	2d	3d	4d	5d	6d	7d	8d	9d	10d
无雨	0.90	0.90	0.89	0.87	0.87	0.81	0.74	0.71	0.69	0.65
小雨	0.62	0.61	0.60	0.58	0.55	0.42	0.42	0.40	0.37	0.37
中雨	0.47	0.44	0.40	0.29	0.31	0.26	0.21	0.20	0.15	0.11
大雨	0.44	0.41	0.40	0.24	0.21	0.33	0.16	0.13	0.11	0.12
暴雨	0	0	0	0	0	0	0	0	0	0

从表 4-4 和表 4-5 可以看出,随着预报期时间延长,各个降雨等级的 TS 评分有下降的趋势,空报、漏报的概率增加,预报的精度呈降低趋势；随着降雨等级的增

加, TS 评分有下降趋势, 空报、漏报概率增加, 无雨等级和小雨等级的集合预报降雨评分较高; 暴雨级别出现的评分为 0 的情况, 是 2007 年和 2008 年中的暴雨较少, 样本较少导致的, 因此暴雨级别的评分为 0 不能代表 ECMWF 降雨产品的质量不好; 对比表 4-4 和表 4-5 可以发现, 集合预报的平均值比控制预报的 TS 评分要高, 精度甚至超过了更高分辨率发布的单值预报[159], 原因在于集合预报数据 50 个成员的平均值往往可以过滤掉某些预报的不确定信息。

2) BS 评分检验的结果

利用 BS 评分方法对 ECMWF 集合降雨数据进行检验, 检验结果见表 4-6。

表 4-6　BS 评分检验结果

预见期	1d	2d	3d	4d	5d	6d	7d	8d	9d	10d
无雨	0.20	0.19	0.21	0.21	0.22	0.23	0.23	0.24	0.25	0.25
小雨	0.21	0.21	0.22	0.22	0.23	0.23	0.24	0.25	0.26	0.26
中雨	0.04	0.04	0.04	0.05	0.05	0.05	0.05	0.05	0.06	0.06
大雨	0.01	0.01	0.02	0.02	0.02	0.02	0.02	0.03	0.03	0.03
暴雨	0.00	0.00	0.00	0.00	0.00	0.00	0.00	0.00	0.00	0.00

从表 4-6 可以看出, 利用 BS 评分方法对 ECMWF 集合降雨数据进行检验, 随着预见期的增加, BS 评分有逐渐变大的趋势, 说明集合预报的预报效果随着预见期增加逐渐变差。由于 BS 评分受降雨事件发生的频率影响较大, 降雨事件发生得越少, BS 评分结果可能越好, 因此中雨、大雨和暴雨的 BS 评分呈逐渐减少的趋势, BS 评分较好。

4.3　ECMWF 径流预报结果及分析

利用率定和验证之后的 SWAT 模型和 2007~2008 年欧洲中期天气预报中心发布的 ECMWF 集合降雨数据, 可对未来 10d 的径流进行集合预报。图 4-4 为 50 组集合预报数据模拟径流量、1 组控制预报数据模拟的径流量、东庄站上游洪安涧河流域的 7 个雨量实测数据模拟的径流量和实测径流量的对比。

在图 4-4 中, Q_{ens} 为 ECMWF 集合预报产品 50 个成员的降雨数据模拟的径流量, Q_{con} 为 ECMWF 集合预报产品 1 个控制预报数据模拟的径流量, P-Q_{act} 为实测降雨数据模拟的径流量, Q_{act} 为实测径流量。

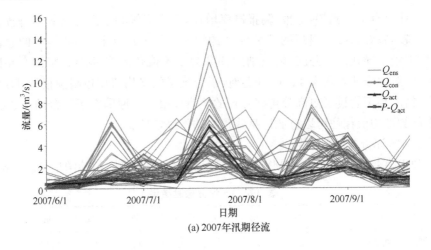

(a) 2007年汛期径流

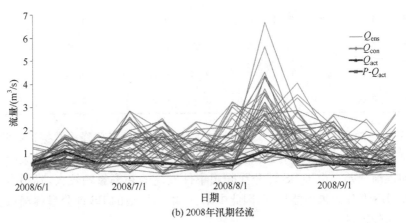

(b) 2008年汛期径流

图 4-4　汛期径流过程图

4.4　小　结

　　本章采用 2007 年、2008 年欧洲中期天气预报中心解码获得的未来 10d 降雨预报数据,对洪安涧河流域进行径流集合预报。将利用实测降雨资料驱动 SWAT 径流预报模型所得的径流数据、实测径流数据、ECMWF 集合预报产品 50 个成员的降雨数据模拟产生径流和 1 个控制预报数据模拟产生的径流进行对比,结果表明:10d 时段的降雨集合预报的径流模拟可以较好地模拟径流预报的不确定性,但有少数存在较大偏差,偶尔会存在实测径流量不在预报区间内的空报现象。这说明对于 10d 时段的径流集合预报,存在发散较大、区间跨度较大的问题。可通过缩短预见期,提高预报精度。

第 5 章 基于 SWAT 模型的径流模拟

河川径流的年径流预报在水利水电资源开发利用中有着非常重要的作用。径流的形成和变化不仅涉及降水、蒸发、产流、汇流等多方面，而且还受到地形、地貌、流域下垫面和人类活动等因素的影响，是一个复杂的非线性系统，因此，其预报仍是水文科学领域内的一项难题。

随着 3S 等诸多新的科学技术的发展，分布式水文模型加入了新的技术保障和拥有了更高的平台。其中 SWAT 模型作为全球范围内广泛运用的分布式水文模型之一，在水文预报、非点源污染、土地利用变化等方面产生了一系列研究成果，从而进一步得推进了变化环境下径流响应机制研究工作，为提高预报精度，延长预见期提供了技术保障。

本章选取洪安涧河流域为研究范围，利用 SWAT 模型对研究流域的径流量进行模拟研究。洪安涧河是汾河的一级支流，起源于古县北平镇北平林场水眼沟。依次流经古县、洪洞县，最后于洪洞县大槐树镇常青村汇入汾河，河流全长 83km，河流比降为 10.47‰，流域面积 1135.0km²。古县境内流域面积为 987.4km²。结合现有流域资料，将变化环境下人类活动和气候变化对流域径流的影响作为研究重点，利用 SWAT 分布式水文模型开展径流模拟研究。深入研究变化背景下径流的规律和变化趋势，并对流域水资源情况加以评估，通过对比研究为研究区域水资源的分析评价和优化配置提供参考，服务于研究区域的经济建设以及可持续发展。

5.1　SWAT 模型简介

5.1.1　SWAT 模型的发展

SWAT 模型自研发成功以来，在 20 多年间历经数次改善和提升，并且在研究深度和应用领域均取得了长足的进步。迄今为止，模型已经从最初的 SWAT94 版本发展到最新的 SWAT2012 版本，将版本的改进陈列如下。

SWAT94 版本第一次引入了水文响应单元的概念，并在此基础上，将土壤类型和土地利用类型等要素写入模型，大大提高了模型模拟精度。

SWAT96 版本则首次将循环分析的气候变化公式、河道营养物质的运移模块、自动施肥的管理措施、植物冠层截留公式、土壤侧向流模块、杀虫剂的迁移模拟等引入模型，进一步丰富了模型的应用范围。

SWAT98 版本重点改进水质计算模块,新增内容有营养成分的循环模块、管理措施中的施肥和放牧,并将模型的模拟范围扩大到南半球。

SWAT99 版本改进了营养物质循环、稻田/湿地演算、水库/池塘/湿地营养物沉淀去除、河岸存储、河道重金属演算;将年代设置从 2 位变为 4 位;增加了城市累计/冲刷和 USGS 回归方程。

SWAT2000 版本重点修改了休眠部分的计算,并改进了高程处理方式,把适用范围延伸至热带地区,将入渗模块、马斯京根法整合到汇流模拟中,并对天气发生器模块进行了很大程度的完善,允许直接读入已有数据,并根据研究区的水文地质特性直接生成(太阳辐射、风速、相对湿度、潜在蒸发值等)一系列的气候数据。

SWAT2003 版本首次加入了自动率定模块,用于处理参数的敏感性分析与不确定分析,丰富了模型的调参手段。

SWAT2005 版本改进了杀虫剂输移模块;增加了天气预报情景分析;增加了日以下步长的降水量发生器,使研究区域的短期预报成为可能;改进了在计算每日 CN 值时使用的滞留参数可以是土壤水容量或者植物蒸散发的函数。

SWAT2009 版本进一步完善了降雨量生成器,引入天气预测条件下和日步长以下的模拟功能,在此基础上改进了植被过滤带模型,并添加了研究区污染系统部分。

SWAT 模型作为一个具有很强物理机制的动态分布式流域水文模型,在大中型流域和中小型流域都有良好的适用性,应用前景明朗、应用范围广阔。随着计算机技术、RS 和 GIS 技术的飞速发展,SWAT 模型在模拟流域内地表水、地下水的水文过程,水质、泥沙、各类污染物等的复杂水文物理过程的功能也越来越准确[160-162]。SWAT 模型的发展过程[163]如图 5-1 所示。

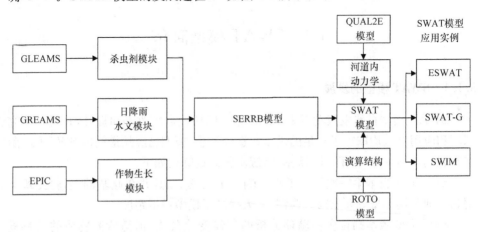

图 5-1　SWAT 模型的发展过程图

5.1.2　SWAT 模型的原理与结构

　　SWAT 模型主要是对地表水和地下水的水文物理过程进行模拟,主要分为两个部分:一是水文循环陆面部分,包括产流、坡面汇流部分;二是水循环水面部分,即河道汇流部分。前者对每一个子流域里面的每一个主河道的水流、泥沙、营养物质和化学物质等进行模拟,后者控制着水流、泥沙、营养物质和化学物质等随着河网转移到流域的出口。SWAT 模型的水文循环过程示意图见图 5-2。

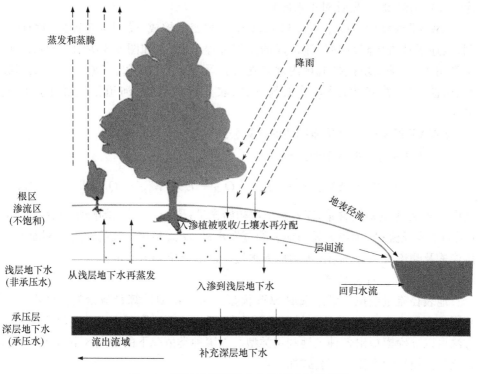

图 5-2　SWAT 模型的水文循环过程示意图

1. 产流和坡面汇流

　　水文响应单元是模型中最基本的计算单元,将其结合河流的拓扑关系进行汇流演算,可得出研究区的总径流量。在应用模型时,主要考虑三个因素:气象、水文和土地利用。其中,气象因素有主要包含降水量、最高气温、最低气温、太阳辐射、风速、相对湿度等,这些气象因素能够直接使用实测数据,也能够借助于模型自有的天气发生器模拟;水文因素主要有下渗、土壤水再分配、蒸散发、地表径流、输移损失、地下径流等。地表径流模拟有 SCS 曲线方法和 Green&Ampt 方法;蒸散发计算有三种方法:Penman-Montieth 方法、Priestley-Taylor 方法和 Hargreaves 方法;土地利用对径流有着很直接的作用,土地利用和土壤类型的种类对研究区域至关重要。

2. 河道汇流

河道汇流部分主要包含河道汇流及水库汇流。河道演算多采用马斯京根法(Muskingum)和变动存储系数模型(variable storage coefficient method);水库汇流计算通常利用以下三种方式:输入实测出流数据、规定月调控目标(针对大水库)、规定出流量(主要针对小水库)。

SWAT 模型由 700 个方程和 1100 个中间变量构成,模型具有很强的物理机制,表述了从流域降水到径流形成的全部过程,其结构如图 5-3 所示。SWAT 模型利用 10 个子模块模拟流域内水陆循环过程,分别是水文、气象、产沙、土壤温度、植被生长、营养物计算、杀虫剂计算、农业管理,以及河道汇流和水库汇流模块。

SWAT 模型的主要功能模块的计算公式如下。

1) 模型所用的水量平衡方程

$$SW_t = SW_0 + \sum_{i=0}^{t} (R_{day} - Q_{swf} - E_a - W_{seep} - Q_{gw}) \tag{5.1}$$

式中,SW_t 是土壤最终含量;SW_0 是土壤初始含量;R_{day} 是第 i 天的降水量;Q_{swf} 为第 i 天的地表径流;E_a 为第 i 天的地表的蒸发水量;W_{seep} 是第 i 天的在土壤剖面的底层渗透及测流量;Q_{gw} 为第 i 天的地下水量。以上单位均为 mm。

2) 地表径流计算公式

地表径流量模拟主要是选取 SCS 模型。SCS 模型计算径流量的方法在全球范围内应用极为广泛,径流曲线数需要的参数较少,不受限于现有的实测资料。该方法可以准确模拟出各种土地利用类型及土壤种类情况下的研究区下垫面产生的径流量。模型的产流计算公式如下:

$$Q_{swf} = \frac{(R_{day} - I_a)^2}{R_{day} - I_a + S} \tag{5.2}$$

式中,Q_{swf} 为地表径流量;R_{day} 为日降水量;I_a 为初损值(包括产流前的降水的地表存储、截留和下渗);S 为可能最大滞留量,研究区域当时的最大滞留量。以上单位均为 mm。流域产生径流的条件为:当日降水量大于初损值。S 的定义为

$$S = 25.4 \left(\frac{1000}{CN} - 10 \right) \tag{5.3}$$

式中,CN 为曲线数,CN 值的大小与土壤的渗透性、土地覆盖/利用和前期土壤湿润程度有关,CN 值越大,说明流域的截留越小,地表径流产流量越大。

利用地区经验公式取 I_a 为 0.2S。代入式(5.2)后产流公式为

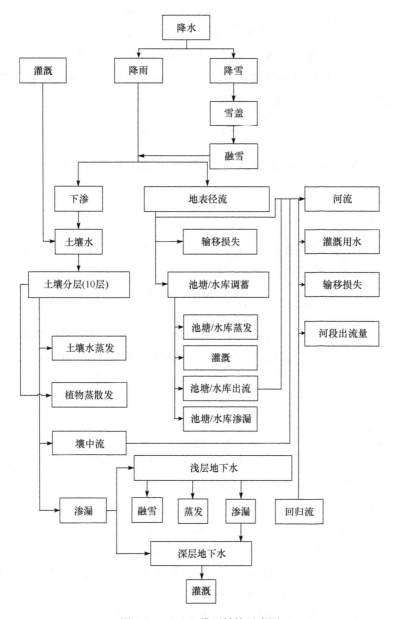

图 5-3　SWAT 模型结构示意图

$$Q_{swf} = \frac{(R_{day} - 0.2S)^2}{R_{day} + 0.8S} \tag{5.4}$$

在 SCS 模块中,有干旱(AMCI)、适中(AMCII)和湿润(AMCIII)三种水分条件,干旱和湿润 CN 值计算方式如下:

$$CN_1 = CN_2 - \frac{20 \times (100 - CN_2)}{100 - CN_2 + \exp[2.533 - 0.0636 \times (100 - CN_2)]} \tag{5.5}$$

$$CN_3 = CN_2 \cdot \exp[0.00673 \times (100 - CN_2)] \tag{5.6}$$

式中，CN_1、CN_2 和 CN_3 分别代表干旱、适中、湿润三种情况下的 CN 值。CN 的坡度通常取 5%，可以利用下面的公式对 CN 坡度做出修正：

$$CN_{2s} = \frac{(CN_3 - CN_2)}{3} \times [1 - 2\exp(-13.86 \cdot SLP)] + CN_2 \tag{5.7}$$

式中，CN_{2s} 为坡度修正后的适中土壤水分条件下的 CN_2 的值；SLP 为子流域平均坡度（m/m）。

3. 土壤水的计算

动态存储模型主要是用来对壤中流进行模拟分析，在壤中流模拟时主要涉及水力传导、坡度及土壤含水量三个方面。

$$Q_{lat} = 0.024\left(\frac{2 \times SW_{ly,\,excess} \times K_{sat} \times SLP}{\varphi_d \times L_{hill}}\right) \tag{5.8}$$

式中，$SW_{ly,\,excess}$ 为土壤饱和区内排出水量（mm）；K_{sat} 为土壤层的饱和水力传导率（mm/h）；SLP 为流域平均坡度（m/m）；φ_d 为土壤孔隙度（mm/mm）；L_{hill} 为山坡坡长（m）。

4. 地下径流

在 SWAT 模型中，模拟的地下径流包括浅层地下径流和深层地下径流。浅层地下径流为地下浅层饱水带中的水，以基流的形式汇入河川径流；深层地下径流为地下承压饱水带中的水，可以以抽水灌溉的方式利用。

浅层地下水的计算公式：

$$aq_{sh,i} = aq_{sh,i-1} + w_{rchrg} - Q_{gw} - w_{revap} - w_{deep} - w_{pump,sh} \tag{5.9}$$

式中，$aq_{sh,i}$ 是第 i 天时在浅水层中的储蓄水量；$aq_{sh,i-1}$ 是第 $i-1$ 天时在浅水层的储蓄水量；w_{rchrg} 是第 $i-1$ 天时流入浅水层的储蓄水量；Q_{gw} 是第 i 天时流入河道的基流；w_{revap} 是第 i 天时土壤缺少水分补充土壤带的水量；w_{deep} 是第 i 天时补充深蓄水层的水量；$w_{pump,sh}$ 是第 i 天时浅水层内泵出的水量。以上单位均为 mm。

深层地下水的计算公式：

$$aq_{sh,i} = aq_{dp,i} + w_{deep} - w_{pump,dp} \tag{5.10}$$

式中，$aq_{dp,i}$ 为第 i 天时在深水层中的储蓄水量；$aq_{sh,i}$ 为第 $i-1$ 天时深蓄水层中的储蓄水量；w_{deep} 为第 i 天时补充深水层中的水量；$W_{pump,dp}$ 为第 i 天时损失的水量。以上单位均为 mm。

5. 蒸散发量计算

蒸散发量的计算通常包括水面蒸发、地面蒸发和植物散蒸发三方面。所有地表水的蒸散发量计算对流域水资源量的计算有着至关重要的作用。

土壤水分的蒸发量计算公式如下：

$$E_{soil,z} = E_s'' \frac{z}{z + \exp(2.347 - 0.00713z)} \tag{5.11}$$

式中，$E_{soil,z}$ 为 z 深度所在的蒸发需求量（mm）；z 为土壤深度（mm）。在选取该系数时，当土壤深度超过 100mm 时，土壤层的蒸发需求量取为 95%；当土壤深度不足 10mm 时，土壤层的蒸发需求量取为 50%。

$$E_{soil,ly} = E_{soil,zl} - E_{soil,zu} \tag{5.12}$$

式中，$E_{soil,ly}$ 为沙层蒸发的需求量（mm）；$E_{soil,zl}$ 为某土壤层下边界蒸发的需求量（mm）；$E_{soil,zu}$ 为某土壤层上边界蒸发的需求量（mm）。

在 SWAT 模型中针对调节土壤毛管、裂隙等因素对不同土壤层对应的蒸发需求量产生的影响而设置的一个参数，即土壤蒸发补偿系数 esco。在考虑土壤蒸发补偿系数以后，上式可写为

$$E_{soil,ly} = E_{soil,zl} - E_{soil,zu} \cdot esco \tag{5.13}$$

当土壤层的含水量低于田间持水量时，蒸发的水量也会降低。此时蒸发所需水量表达式如下：

$$E_{soil,ly}' = E_{soil,ly} \cdot \exp\left\{ \frac{2.5(SW_{ly} - FC_{ly})}{FC_{ly} - WP_{ly}} \right\}, \quad SW_{ly} < FC_{ly} \tag{5.14}$$

$$E_{soil,ly}' = E_{soil,ly}, \quad SW_{ly} > FC_{ly} \tag{5.15}$$

式中，$E_{soil,ly}'$ 为调节后的 ly 层蒸发需求量（mm）；SW_{ly} 为 ly 层中的含水量（mm）；FC_{ly} 为 ly 层中的田间持水量（mm）；WP_{ly} 为 ly 层的凋萎含水量（mm）。

在模型中设定有最大允许蒸发量，一般取该天植被蒸发量的 80% 为干旱时蒸发量的值。植被的可利用水量计算公式为

$$E_{soil,ly}'' = \min(E_{soil,ly}' \cdot 0.8(SW_{ly} - WP_{ly})) \tag{5.16}$$

式中，$E_{soil,ly}''$ 为 ly 层土壤的蒸发量（mm）。

潜在蒸散发计算公式如下：

$$ET_0 = \frac{0.408\Delta \times (R_n - G) + \dfrac{900\gamma \times U_2 \times (e_s - e_d)}{(T + 273)}}{\Delta + \gamma \times (1 + 0.34U_2)} \tag{5.17}$$

式中，ET_0 为参考作物的蒸腾量（mm/day）；T 为设定时间步长内的平均气温（℃）；Δ 为饱和水汽压-温度曲线的斜率（kPa/℃）；R_n 为当地太阳的净辐射量（MJ/(m² · d)）；G 为土壤的热通量值（MJ/(m² · d)）；γ 为湿度计量常数（kPa/℃）；e_s 为饱和状

态下的水气压(kPa);e_d为实际的水气压(kPa);U_2为距离地面高度为2m的平均风速(m/s)。

冠层截留的蒸发量模型采用的蒸散发冠层截留水分的最大可能量作为计算方法。

在冠层截留的自由水量比潜在蒸散发大的情况下:

$$E_a = E_o = E_{can} \qquad\qquad (5.18)$$

$$R_{INT(f)} = R_{INT(i)} - E_{can} \qquad\qquad (5.19)$$

式中,E_a为研究区内当天实际的蒸散发量(mm);E_o为研究区内当天潜在的蒸散发量(mm);E_{can}为当天冠层中的自由水的蒸发量(mm);$R_{INT(f)}$为当天结束时冠层中的自由水含量(mm);$R_{INT(i)}$为当天开始时冠层中的自由水含量(mm)。

在冠层截留的自由水量比潜在蒸散发小的情况下:

$$E_{can} = R_{INT(i)} \qquad\qquad (5.20)$$

$$R_{INT(f)} = 0 \qquad\qquad (5.21)$$

6. 水面汇流的模拟计算

在SWAT模型中利用动态存储系数模型[164]来进行河道汇流计算,公式如下:

$$q_{out,2} = SC \cdot q_{in,ave} + (1 - SC) \cdot q_{out,1} \qquad\qquad (5.22)$$

式中,$q_{out,2}$为选取计算时段终结时刻的出流速度(m^3/s);SC为贮存系数;$q_{in,ave}$为选取计算时段出流速度的平均值(m^3/s);$q_{out,1}$为计算时段起始时刻出流速度(m^3/s)。

5.2　SWAT模型的建立

5.2.1　数据库构建

1. 数据准备及来源

SWAT模型所需要的数据库分为两类,即空间数据库和属性数据库。空间数据库所需数据包括数字高程模型(DEM)、土地利用、土壤空间分布图、河网、河道径流测站位置表(USGS)、气温测站位置表、河道内营养物监测点位置表、降水测站位置表、气象发生器测站位置表、土地利用索引表、土壤类型索引表、气温数据表和每日降水数据表等。模型所需要的诸多属性数据中,尤其以土壤和土地利用属性数据、径流资料最为重要。下面介绍模型所需数据的准备过程。数据来源见表5-1。

表 5-1　模型数据来源

数据	格式	精度	来源
DEM	GRID	30m×30m	地理空间数据云
土壤类型	Shapefile	1:10 万	世界土壤数据库
土地利用	GRID	1km×1km	临汾市水文局
气象数据	TXT	天	中国气象数据网
水文数据	TXT	天	临汾市水文局

2. 数字高程模型数据准备

实体地面模型为根据一组有序数值的阵列形式来表达地面高程的方式。高程数据资料存储于 DEM 中。模型运行中的子流域划分、河网生成、流域边界生成和基于上述过程进行的水文模拟均是基于 DEM。本章所使用 DEM 数据来自地理空间数据云（网址：http://www.gscloud.cn/），分辨率取 30m×30m。处理后的 DEM 如图 5-4 所示。

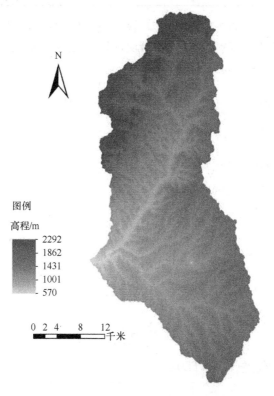

图 5-4　洪安涧河流域 DEM 图

3. 气象数据准备

本章数据在中国气象数据网(http://data.cma.cn/site/index.html)下载,选取山西省 5 个气象站点作为资料来源,包括大同、原平、太原、介休和运城,站点信息见表 5-2。模型运行所需要的数据包括日最高和最低气温、日最高站点气压和最低站点气压、平均站点气压、平均气温、平均水汽压、平均相对湿度、最小相对湿度、小型和大型蒸发量、平均的风速度、最大的风速度及风的方向、极大风速及其风向、日照小时数、辐射等。天气发生器可插补实测资料缺少的情况。

表 5-2 地面气候观测站站点基本信息表

测站编号	省份	站名	经度/(°)	纬度/(°)	观测场海拔高度/m
53487	山西	大同	113.26	40.05	1067.2
53673	山西	原平	112.44	38.45	828.2
53772	山西	太原	112.36	37.37	778.3
53863	山西	介休	111.56	37.02	743.9
53959	山西	运城	111.04	35.06	365

天气发生器所需要的各项数据较多,该模块可以利用多年长序列的逐月资料自动生成短序列的逐日资料,下面将该模块计算公式逐一列出:

最高气温标准偏差(TMPSTDMX):

$$\sigma mx_{mon} = \sqrt{\sum_{d=1}^{N} (T_{mx,mon} - \mu mx_{mon})^2 / (N-1)} \tag{5.23}$$

最低气温标准偏差(TMPSTDMN):

$$\sigma mn_{mon} = \sqrt{\sum_{d=1}^{N} (T_{mn,mon} - \mu mx_{mon})^2 / (N-1)} \tag{5.24}$$

月平均最高气温(TMPMX):

$$\mu mx_{mon} = \sum_{d=1}^{N} T_{mx,mon} / N \tag{5.25}$$

月平均最低气温(TMPMN):

$$\mu mn_{mon} = \sum_{d=1}^{N} T_{mn,mon} / N \tag{5.26}$$

月均降水量(PCPMM):

$$\bar{R}_{mon} = \sum_{d=1}^{N} R_{day,mon} / yrs \tag{5.27}$$

降水量标准量偏差(PCPSTD):

$$\sigma_{mon} = \sqrt{\sum_{d=1}^{N} (R_{day,mon} - \bar{R}_{mon})^2 / (N-1)} \tag{5.28}$$

降水量偏度系数（PCPSKW）：

$$g_{\mathrm{mon}} = N \sum_{d=1}^{N} (R_{\mathrm{day,mon}} - \bar{R}_{\mathrm{mon}})^3 / (N-1)(N-2)(\sigma_{\mathrm{mon}})^3 \qquad (5.29)$$

月平均太阳辐射量（SOLARAV）：

$$\mu r a d_{\mathrm{mon}} = \sum_{d=1}^{N} H_{\mathrm{day,mon}} / N \qquad (5.30)$$

月平均风速（WNDAV）：

$$\mu w n d_{\mathrm{mon}} = \sum_{d=1}^{N} T_{\mathrm{wnd,mon}} / N \qquad (5.31)$$

月内干日数（PR_W1）：

$$P_i(W/D) = (\mathrm{days}_{W/D,i} / \mathrm{days}_{\mathrm{dry},i}) \qquad (5.32)$$

月内湿日数（PR_W2）：

$$P_i(W/D) = (\mathrm{days}_{W/w,i} / \mathrm{days}_{\mathrm{wet},i}) \qquad (5.33)$$

平均降雨天数（PCPB）：

$$\bar{d}_{\mathrm{wet},i} = \mathrm{day}_{\mathrm{wet},i} / \mathrm{yrs} \qquad (5.34)$$

露点温度（DEWPT）：

$$\mu d e w_{\mathrm{mon}} = \sum_{d=1}^{N} T_{\mathrm{dew,mon}} / N \qquad (5.35)$$

式中，N 为每月的天数；$T_{\mathrm{mx,mon}}$ 为月每日最大温度；$T_{\mathrm{mn,mon}}$ 为月每日最小温度；$\mathrm{day}_{\mathrm{wet},i}$ 为年内降雨天数；yrs 为每年的天数；$R_{\mathrm{day,mon}}$ 为月每日降水量；$T_{\mathrm{wnd,mon}}$ 为月每日风速值；$T_{\mathrm{dew,mon}}$ 为月每日露点温度值；$H_{\mathrm{day,mon}}$ 为月每日辐射量。

4. 土地利用数据准备

在径流模拟中土地利用类型至关重要，对模拟结果也有极大的影响。本章中使用的土地利用数据主要来自临汾市水文局提供的古县资料，首先需要利用 Arc-Gis 软件将获取到的数据进行合并，之后通过栅格转换工具将数据转化为矢量数据（Shp）文件，利用提取出来的流域边界，并将其转为成模型输入的标准格式，构建土地利用对照文件（Landuse）。研究区土地利用类型统计见表 5-3。

表 5-3　洪安涧河流域土地利用类型统计表

编号	土地利用代码	名称	面积/km²	所占流域面积比例/%
1	FRSD	有林地	426.05	43.39
2	AGRR	耕地	337.09	34.33
3	PAST	草地	216.12	22.01
4	URLD	房屋建筑	2.65	0.27

5. 土壤类型数据准备

利用 ArcGis 软件结合洪安涧河流域边界对临汾市水文局提供的古县土壤,类型图进行切割,并在 SWAT 模型中对土壤图重分类以后,得到模型可以使用的索引文件。洪安涧河流域主要土壤类型包括黄绵土、粗骨土、棕壤、石灰性褐土等十余种类型,研究区土壤类型参数见表 5-4。

表 5-4　洪安涧河流域土壤类型参数表

土纲	土类	SWAT 模型代码	面积/km²	面积百分比/%
初育土	黄绵土	huangmiantu	494.3	50.33
半淋溶土	褐土	hetu	184.8	18.8
淋溶土	棕壤	zongrang	39.5	3.97
半水成土	潮土	chaotu	9.8	0.96
半水成土	山地草甸	shandicaodian	3.4	0.36
半水成土	新积土	xinjitu	12.5	1.29
初育土	中性石质	zhongxingshizhi	56.7	5.79
初育土	红黏土	hongniantu	11.9	1.18
半淋溶土	石灰性褐土	shihuihetu	14.2	1.5
初育土	粗骨土	cugutu	149.9	15.31
初育土	石质土	shizhitu	5.2	0.51

土壤属性数据可以分为空间分布属性、物理和化学属性。空间分布属性数据是指流域土壤类型的空间分布。本章只研究区域的径流模拟和变化环境下的影响,故不考虑研究区土壤的化学属性;土壤物理属性是影响土壤内部水和内部气体运动的因素,SWAT 模型需要输入土壤物理属性数据其说明见表 5-5。

表 5-5　土壤物理属性数据说明表

模型代码名称	模型代码类型	定义说明	单位
SNAM	文本型	名称	
NLAYERS	文本型	剖面土层数	
HYDGRP	文本型	水文性质分组	
SOL_ZMX	单精度浮点型	最大根系深度	mm
ANION_EXCL	单精度浮点型	排除阴离子的空隙所占分数	
SOL_CRK	单精度浮点型	裂隙量	
TEXTURE	单精度浮点型	土壤层结构	
SOL_Z	单精度浮点型	层底部埋深	mm

续表

模型代码名称	模型代码类型	定义说明	单位
SOL_BD	单精度浮点型	湿容量	mg/m³
SOL_AWC	单精度浮点型	有效含水量	mm/mm
SOL_K	单精度浮点型	饱和渗透系数	mm/hr
SOL_CBN	单精度浮点型	有机碳含量	%
CLAY	单精度浮点型	黏粒含量	%
SILT	单精度浮点型	粉粒含量	%
SAND	单精度浮点型	沙粒含量	%
ROCK	单精度浮点型	石粒含量	%
SOL_EC	单精度浮点型	电导率	(ds/m)

6. 降雨数据准备

自然界的降雨在地形地貌特征和气候特征的双重影响下,会呈现出空间分布不均匀性,而降雨数据的精确程度和降雨的时空分布特征对径流模拟精度有着重要的影响,有鉴于此,为了更好地体现洪安涧河降雨的时空分布特征,本章选取了7个雨量站作为数据来源,雨量站信息见表 5-6。其分布图如图 5-5 所示。

表 5-6 雨量站信息表

名称	编号	经度/(°)	纬度/(°)	权重	面积/km²
凌云	41032450	111.978	36.442	0.14	138.3
金堆	41032500	113.053	36.464	0.073	71.8
高城	41033050	112.067	36.234	0.205	200.4
永乐	41032800	112.083	36.151	0.192	189.3
下冶	41032800	111.986	36.348	0.201	198.6
多沟	41032600	111.959	36.387	0.107	105.0
北平	41032400	112.067	36.540	0.082	80.95

5.2.2 水文参数提取

1. 子流域划分

传统的集总式水文模型未考虑流域内不同区域,因其下垫面构成情况各不相同,模拟结果和实际情况出入较大;分布式水文模型通过划分若干个子流域,研究不同区域下垫面改变对整个研究区水文循环机制的改变。子流域划分时,方法一

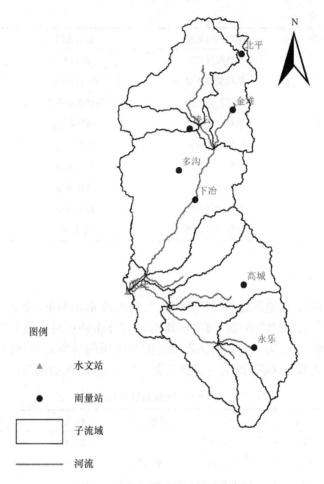

图 5-5　洪安涧河流域雨量站分布图

是已经确定研究区出口的位置,通过手动设置研究区的出口点,方法二利用研究区河网所产生的出口设置为未知子流域出口。

　　本章采用投影坐标系 WGS 1984 UTM Zone49N,SWAT 模型所需地形数据来自 DEM。在设置阈值的过程中,需综合考虑多种因素,提取出河网的疏密程度和子流域的数量均会随着阈值的改变而发生变动。设置的阈值较高,会导致模型计算任务量加大,计算时间过长;而设置阈值较小,会导致模型精度较低,无法满足模拟需要。有鉴于此,必须在考量 DEM 精度、土地利用类型和土壤数据的基础上反复调节,以取得最佳值。本章最终的子流域集水面积阈值是 $4000hm^2$,子流域的划分结果如图 5-6 和表 5-7 所示,一共有 12 个子流域。

表 5-7　洪安涧河流域子流域划分表

流域编号	面积/km²	占流域面积比/%	最大高程/m	最小高程/m	平均高程/m	坡度/%
1	169.2	17.23	2259.00	909.00	1493.15	39.10
2	85.9	8.75	2069.00	912.00	1276.96	30.77
3	261.6	26.64	2016.00	635.00	1069.83	32.44
4	70.3	7.16	1331.00	638.00	1003.11	28.68
5	7.7	0.78	847.00	580.00	714.20	266.45
6	11.3	1.15	905.00	572.00	708.98	26.23
7	35.0	3.56	961.00	595.00	804.62	26.61
8	100.0	10.18	1317.00	710.00	996.15	24.41
9	95.3	9.71	1283.00	711.00	948.03	23.63
10	52.9	5.28	1309.00	851.00	1075.76	23.54
11	48.7	4.88	1305.00	851.00	1075.54	23.71
12	44.7	4.56	1439.00	852.00	1109.75	27.05

2. 水文响应单元生成

SWAT 水文模型与其他的分布式水文模型相比其创新之处在于,在设置阈值生成子流域之后,以子流域为基础,生成水文响应单元(HRUs)。水文响应单元是模型中最小的地块单元,每一个单元代表子流域内有相同土壤类型、土地利用类型的部分,通常水文响应单元的划分有两种方法:第一种方法适合土地利用和土壤都比较单一的子流域,取一个子流域为一个水文响应单元;第二种方法则是根据子流域内各类土地利用类型、土壤类型所占的比例,设置阈值,将一个子流域划分为多个水文响应单元。本研究选取后者。

以子流域内土地利用和土壤类型所占比例为标准设置最小阈值,例如,阈值设置为 4%,则表示在子流域内,当土地利用、土壤类型占总量不超过 4% 的情况下可以忽略不计,根据剩余的部分来生成水文响应单元。由于研究区内土地利用类型和土壤类型的组合种类较多,研究区内的 12 个子流域可以分割成 83 个 HRUs。

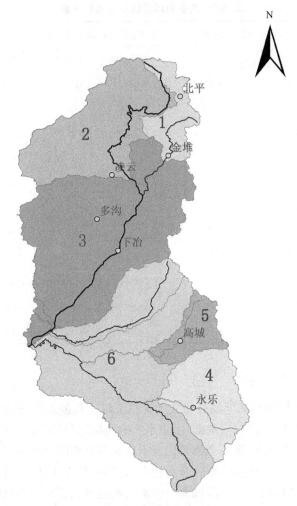

图 5-6　洪安涧河流域子流域划分图

5.3　模 型 应 用

5.3.1　模拟方法

　　利用 SWAT 模型进行水文模拟的过程中,径流的模拟、降水量的模拟、气象模拟、潜在蒸发量模拟和河道汇水演算等都具有多种模拟方法。在选取模拟方法的时候,必须对多种因素综合考量,在此基础上对已有的资料和已知的条件系统分析之后进行合理选择。

1. 径流模拟

在有不同时间尺度的降水资料的情况下,SWAT 模型有三种可供选择的径流模拟方法。当有以小时为单位的降水数据时,模型可以提供:

（1）Green&Ampt(逐日):以每日作为时间单位进行径流模拟;

（2）Green&Ampt(逐小时):以每小时作为时间单位进行径流模拟;当只有日降水数据时,模型提供;

（3）SCS 径流曲线法:以每日作为时间单位进行径流模拟。

因为在本次研究中只有逐日降雨资料,所以选取 SCS 径流曲线法用于模型模拟。

2. 河道汇水演算

在利用 SWAT 模型进行洪水演进模拟的时候,模型可以提供两种方法利用:

（1）Variable Storage(可变存储系数法);

（2）Muskingum(马斯京根法)。

从使用手册中的对比分析可得,两种方法计算均效果良好,本次研究采用第二种方法进行计算。

3. 潜在蒸散发

在不同的资料情况下,模型可以选取三种不同的模拟方法计算地表潜在蒸散发(PET),当现有资料较为缺乏,仅有气温数据的情况下:

（1）Hargreaves:仅以当前资料为准分析流域潜在蒸散发过程;

当现有资料里包含气象温度和辐射的情况下:

（2）Priestly-Tayor:以辐射和气象温度为准分析流域潜在蒸散发过程;

当现有资料较为丰富,各种气象资料齐全的情况下:

（3）Penman-Monteith:以风速、长序列的资料的气象温度、空气湿润程度和研究区的位置来分析流域蒸散发。

目前三种方法应用最广泛的是 Penman-Monteith 方法,该方法可以较好地模拟出研究区域的潜在蒸散发,故本研究选取第三种方法。

4. 降水量模拟

在模型中提供区域降水量的研究方式:

（1）混合指数分布;

（2）偏正态分布。

在本研究中选取模型手册中推荐的第二种方法,即偏正态分布方法。

5. 模拟运行

综上所述,简单介绍模型内各种模拟方法之后,本研究选取以逐日降水资料为基础的 SCS 径流曲线方法来进行径流演算;选取 Muskingum 来分析汇水演进;选取在湿润情况下适用的偏正态分布方法来研究流域的降水量分布;选取 Penman-monteith 为标准进行研究区的潜在蒸散发计算。

5.3.2　参数的敏感性分析

1. 参数敏感性分析方法

参数敏感性分析的目的在于确定所有输入参数对模拟精度和拟合程度的影响情况。以往的经验表明,随着敏感参数的变动,模拟结果会产生非常强烈的变化,在模型验证之前,确定参数的范围是十分重要的,也是整个模型校准验证的基础和前提条件。

发展至今,已经有了非常多的参数敏感性分析方法,如基于二元划分的 RAS 方法、基于最佳估计参数值的扰动分析法、利用似然度概念对参数进行划分的 GLUE 方法、结合 LH(抽样法)同 OAT(敏感度分析)两种方法优势的 LH-OAT(抽样灵敏度分析法),下面分别就各个方法作出介绍。

1) RAS 方法

RAS 是基于是非的方式来对数据进行分析的,通过统计分析来确定各因素之间的关系。在分析之前,预先设立好条件,如果参数满足预设条件,即表示为"是",反之则为"否"。通过这样是与否的二元关系来对参数作出判断。

2) GLUE 方法

在 GLUE 评价方式中,首次引入了似然度的概念,通过对比原始与可接受参数的分布情况,进行敏感性分析。当所选参数的分布与原始分布差异程度巨大的时候,判断参数的敏感性较高;当所选参数的分布与原始分布相似程度较高的时候,则判断参数的敏感性较低。该方法吸收了模糊数学的长处。

3) 扰动分析法

在结构比较简单、计算较少的情况下,常利用该方法对参数的敏感性进行评价。该方法通过选定参数,增加人工干扰,通过调整模拟值的范围来观察模型结果的变化。具有很直接的计算思路是该方法最大的优势,劣势就是该方法是建立在最佳估值的基础上,在很大程度上不能完整地体现模型参数的分布情况。在大部分分布式水文模型中,因为模型结构复杂、参数众多,各因素之间交互作用大,所以扰动分析法不能很好地满足调参要求。

4) LH-OAT 方法

LH 抽样法是对模型参数进行多元线性回归分析,来判断结果变化中参数所起到的作用,OAT 灵敏度分析方法是通过模型输出结果的分析,来推断该参数的灵敏度,在一次运算中仅变化一个参数,但是两种该方法均存在着明显的缺陷。在 LH 抽样法中,并不是所有情况均是线性变化的,而众多参数又往往存在着协同作用,该方法有着明显的局限性。在 OAT 中所选类型的结果又与其他因素的选取有着很大的关系。在 LH 中对每一个样本进行 OAT 评价,则可以很好地取长补短,利用 LH-OAT 方法可以很好地分析各因素的敏感性,扩大应用范围。本研究基于 LH-OAT 方法进行分析。

2. 参数敏感性分析结果

在 SWAT 模型模拟中,去除对最后模拟精度影响较小的参数,可以在减小模型不确定性的同时提高参数率定效率。本章以研究区域 2008 年土地利用数据和 1972～2008 年的气象数据为基础,对 25 个模型参数进行分析,参数敏感性分析排序见表 5-8。

表 5-8　SWAT 模型 25 个参数的敏感性排序

排序	参数名称	所在输入文件	参数物理意义	作用过程
1	CN_2	Management(.mgt)	初始 SCS 径流曲线数	地表径流
2	SLOPE	HRU(.hru)	平均坡度	地表径流
3	sol_z	Soil(.sol)	最大根系深度	土壤水文
4	SOL_AWC	Soil(.sol)	可用含水量	土壤水文
5	ESCO	HRU(.hru)	蒸发补偿系数	土壤水分
6	sol_k	Soil(.sol)	饱和导水率	土壤水分
7	GWQMN	Groundwater(.gw)	地下水回流阈值	地下水过程
8	canmx	HRU(.hru)	最大冠层截留量	地下水过程
9	GW_REVAP	Groundwater(.gw)	浅层地下水再蒸发系数	地下水过程
10	REVAPMN	Groundwater(.gw)	浅层地下水再蒸发阈值	地下水过程
11	GW_DELAY	Groundwater(.gw)	地下水滞后时间	地下水过程
12	ALPHA_BF	Groundwater(.gw)	基流消退系数	地下水过程
13	CH_K2	Management(.mgt)	主河道的有效水力传导率	地表径流
14	blai	Crop(.dat)	最大潜在叶面积指数	地表径流

续表

排序	参数名称	所在输入文件	参数物理意义	作用过程
15	surlag	Basin(. bsn)	地表径流滞后系数	地表径流
16	sol_alb	Soil(. sol)	地表反射率	地表径流
17	EPCO	HRU(. hru)	植物吸收补偿系数	地表径流
18	BIOMIX	Management(. mgt)	生物扰动效率	地表径流
19	ch_n	Subbasin(. sub) & Main channel(. rte)	曼宁公式的 n 值	地表径流
20	SLSUBBSN	HRU(. hru)	平均坡长	地表径流
21	TIMP	Basin(. bsn)	雪盖温度滞后因子	降雪和融雪
22	SFTMP	Basin(. bsn)	雨雪分界的温度阈值	降雪和融雪
23	SMFMX	Basin(. bsn)	最大融雪因子	降雪和融雪
24	SMFMN	Basin(. bsn)	最小融雪因子	降雪和融雪
25	SMTMP	Basin(. bsn)	雪融化的阈值温度	降雪和融雪

　　通过表 5-8 可以看出,初始 SCS 径流曲线数、平均坡度、最大根系深度、可用含水量、蒸散发等要素的敏感性较高,同时根据经验也可以判断这些参数确定的合理与否,选择合理的参数对提高模型精度尤为重要。在模型率定的过程中,要参照模型各参数的物理意义,结合实际情况,按照自动调参和手动调参并重的原则进行,保证模型具有良好的适用性。

5.3.3　参数率定

　　本章中参数率定选用 SWAT-CUP。SWAT-CUP 是用于 SWAT 模型敏感性分析、不确定性分析、校准和结果验证的一个独立的模块,程序自带应用界面。SWAT-CUP 中主要有五种计算方法,包含 Parasol、PSO、MCMC、GLUE 和 SU-FL2 等程序。模型运行的结果见表 5-9。

表 5-9　模型率定参数及最终值

排序	等级	参数	敏感值	灵敏度	率定参数范围	最终取值
1	Ⅳ	CN₂	1.100	极高	35~98	54
2	Ⅲ	ESCO	0.786	高	0~1	0.17
3	Ⅱ	SOL_Z	0.179	中	-25%~25%	-18.347%
4	Ⅱ	SOL_K	0.153	中	-25%~25%	12.462%

续表

排序	等级	参数	敏感值	灵敏度	率定参数范围	最终取值
5	II	SOL_AWC	0.144	中	0~1	0.048
7	II	GWQMN	0.067	中	−1000~1000	149
9	I	GW_REVAP	0.043	低	0.02~0.2	0.05
12	I	ALPHA_BF	0.006	低	0~1	0.042

CN_2 为 SCS 产流模型中径流曲线参数,用来描述降水量和径流之间的关系,综合反映研究区的土地利用/植被覆盖、土壤类型、水文条件、前期水分分布等下垫面条件,CN_2 和土壤最大蓄水能力呈负相关,与径流量呈正相关。不同的土地利用/植被覆盖类型 CN_2 不同。ESCO 为土壤蒸发补偿系数,该参数用来调节不同土壤层之间的水分补偿运动,ESCO 与土壤深层蒸发量呈负相关,与流域径流量呈正相关。SOL_K 为土壤饱和水力传导率,用来衡量土壤中水运动的难易程度,将土壤水流速和水力梯度联系起来,土壤饱和水力传导率越大,流域径流量越大。SOL_AWC 为土壤的蓄水能力,蓄水能力越强,土壤中存留的水分就越多,径流量就越小,即该值与径流量呈负相关。GWQMN 为浅层地下水径流系数,指研究区内单位面积上排泄入河的地下径流量(以地下径流深度表示)与汇水面积范围内降水量之比值,它与径流量呈正相关。GW_REVAP 表示地下水再蒸发系数,反映地下水的蒸发能力,GW_REVAP 越大,表明地下水的蒸发量越多,地下水产生的流量就会越少,它的值与径流量呈负相关。SOL_Z 为最大根系深度,作用在土壤水文过程中。ALPHA_BF 为基流消退系数,作用在地下水过程中。

5.3.4　模拟结果与分析评价

1. 评价方法

本次研究采用相对误差 R_e、决定系数 R^2 和效率系数 Nash-Sutcliffe(E_{ns})三个评价指标作为模型精度评价标准。

(1)相对误差 R_e。该指标用来描述模拟数据与实测数据之间的误差情况。该数值为正数,说明模型模拟结果比实测数据大;反之,则模拟结果比实测数据小。

$$R_e = \frac{\sum_{i=1}^{n} P_i - \sum_{i=1}^{n} O_i}{\sum_{i=1}^{n} O_i} \tag{5.36}$$

式中,O_i 为实测数据;P_i 为模型模拟数据。

(2)相关系数 R^2。该指标用来描述计算数据与原始数据的吻合情况,在 0~1

范围内,系数接近 1,说明两组数据线性关系高,吻合情况更好。

$$R^2 = \left\{ \frac{\sum_{i=1}^{n}(O_i - O_{ave}) \times (P_i - P_{ave})}{[\sum_{i=1}^{n}(O_i - O_{ave})^2]^{0.5} \times [\sum_{i=1}^{n}(P_i - P_{ave})^2]^{0.5}} \right\}^2 \tag{5.37}$$

式中,O_i为实测数据;P_{ave}为模拟数据的平均值;O_{ave}为实测数据的平均值;P_i为模型模拟数据。

(3)效率系数(Nash-Sutcliffe,E_{ns})。该指标用于描述模拟结果和实测数据的拟合度,数值在(0,1)区间内。正常情况下,当 $E_{ns} > 0.5$,即可认为符合模型要求。

$$E_{ns} = 1 - \frac{\sum_{i=1}^{n}(O_i - P_i)^2}{\sum_{i=1}^{n}(O_i - O_{ave})^2} \tag{5.38}$$

SWAT 模型校正参数的评价标准等级划分见文献[28]。

2. 模拟结果评价

以研究区域 1988~1997 年的实测资料校准,以研究区域 1998~2007 年的实测资料验证。在研究区模型运行结果分析评价时,以 R^2 和 E_{ns} 作为评估标准,设定月径流资料的 $R^2 > 0.6$,$E_{ns} > 0.6$,即可以认为 SWAT 模型在洪安涧河流域的模拟精度达到要求。评价结果如表 5-10、表 5-11、图 5-7、图 5-8、图 5-9 和图 5-10 所示。

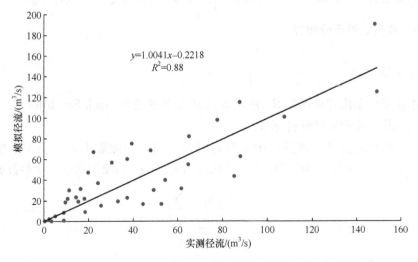

图 5-7 洪安涧河流域校准期月径流模拟值与实测数据的相关性分析

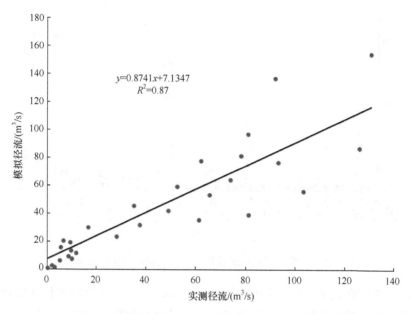

图 5-8　洪安涧河流域验证期月径流模拟值与实测数据的相关性分析

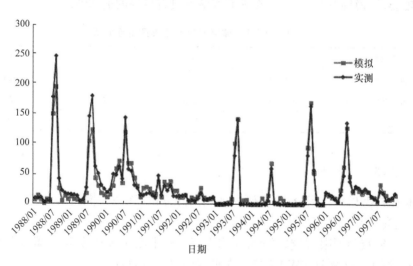

图 5-9　洪安涧河流域校准期月径流模拟值与实测数据对比

表 5-10　洪安涧河流域月径流模拟适用性分析

时期	R_e	R^2	E_{ns}	评价
校准期（1988~1997）	−0.09	0.88	0.85	满意
验证期（1998~2007）	−0.08	0.87	0.83	满意
合计	−0.085	0.875	0.84	满意

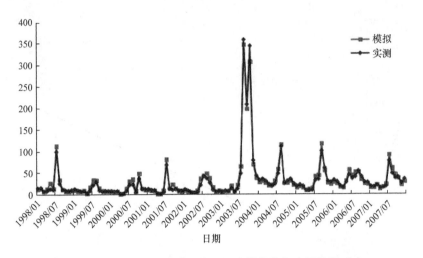

图 5-10　洪安涧河流域验证期月径流模拟值与实测数据对比

在上述基础上进一步模拟逐日径流,利用 R_e、R^2、E_{ns} 等指标进行评价,计算结果见表 5-11。可以看出,R^2 和 E_{ns} 在校准期和验证期的数值均在 0.5 以上,达到模型精度要求,说明 SWAT 模型在该研究流域具有良好的适用性。

表 5-11　研究区域逐日径流成果适用性分析

时期	R_e	R^2	E_{ns}	评价
校准期(1988~1997)	−0.10	0.60	0.56	满意
验证期(1998~2007)	−0.09	0.58	0.54	满意
合计	−0.10	0.59	0.55	满意

3. 模型精度分析

根据模型模拟结果分析,在研究区域所建立的 SWAT 模型,虽然精度符合要求,但是尚存在诸多不足之处,不足之处如下。

受研究资料所限,在本次研究中未考虑河流中泥沙情况,如可在模型中加入泥沙数据,则可大大拓展 SWAT 模型在洪安涧河流域的应用范围。

由于临汾市水文水资源勘测局提供的土地利用数据和土壤数据与模型输入格式不符,在转化流程中难免存在误差。东庄水文站在径流日常监测中也不可避免地存在误差。这些原因均是影响模型精度的重要因素。

在 SWAT 模型模拟中,土壤数据可分为地下十层,由于研究资料有限、土壤划分层次列别较少,且没有研究区域的植被数据,模型模拟结果存在误差。

在参数调整中,手动调参会受到调参者主观因素的影响,导致模拟结果产生误差;利用 SWAT-CUP 自动率定,有时要考虑参数的物理意义,作出合理的调整,因此在参数调整方面还需要结合更有效的优化方法和积累更多的经验。

在利用模型进行水文预报的时候,可以通过延长资料时间序列长度、增加数据种类、提高数据精度、利用较好的优化方法和根据经验进行参数调整等手段,进一步提升模型在研究区域的模拟精度。

5.4　小　　结

本章首先对 SWAT 模型进行了简要介绍,概述了模型的发展历程,分析了各个版本的完善之处,模型的原理、结构、主要模块的理论基础等。其次对模型空间数据库和属性数据库的构建方法和资料获取方式作了分析,明确了本次研究中 DEM、土地利用数据、土壤类型数据、气象数据和降雨数据的来源和获取方式;最后针对本次径流模拟所进行的准备工作进行了系统说明,主要包括子流域划分和水文响应单元生成等基础工作。最后介绍了 SWAT 模型在计算水文循环各种情景的方法,包括产流、汇流、洪水演进、流域蒸散发和降水等,并在前人的研究基础上,对参数率定的常用方式作了分析总结,利用自带的模块,对 25 个模型参数作了系统分析及评价,选出敏感性参数进行径流预报,并进一步确定了参数调整范围。将 1988~1997 年的实测数据用于模型率定,1998~2007 年的实测数据用于模型验证,均取得了比较好的模拟效果,证明了 SWAT 模型在该区域有着良好的适用性,除了将 SWAT 模型用于径流模拟外,还可以进行更多的应用研究。

第6章 新安江模型在山区洪水预报中的应用

20世纪以来,洪水灾害愈发频繁,洪灾造成的损失也日渐上升,国家在山洪灾害防治方面的投资日益增多,如何做好防洪抗灾工作,是现如今研究的重要课题之一。除去水文气象等自然因素,人类活动对洪涝和干旱灾害也会产生重要影响。人类活动范围的增大,直接或者间接地改变了地表植被状态,以及蒸发、产流、汇流等洪水过程,同时也改变了一部分自然环境因素,如地表植被覆盖类型、河流湖泊的形态,以及流域的调蓄能力等,对洪水灾害的形成有很大影响。

山丘区的洪水灾害发生具有历时短、降雨强度大、陡涨陡落等特点,其发生主要受到降雨因素、地形地质因素的影响和作用。就发生时间来说,山洪灾害有一定的滞后性,同时,就空间来说山洪灾害具有广泛性,但其造成的财产损失巨大,甚至会造成人员伤亡。山丘区的洪水灾害洪峰陡涨陡落,一旦发生,可能会导致交通通信中断、工厂停产停工、人民财产损毁等后果,甚至由于部分脆弱人群反映不及时,还会给人体造成伤残、死亡及精神伤害等,因此防洪预警领域的研究逐渐进入人们的视线,并受到越来越多的关注。

针对上述问题,本章在新安江模型的基础上加入人类活动的影响因素,针对山西省洪安涧河流域内东庄水文站以上小流域,分析研究该流域内人类活动带来的土地利用变化和水利工程建设等活动对流域内洪水预报过程的影响,将预报结果与洪安涧河流域内历史调查洪水过程进行对比研究,除此之外,运用 SCE-UA 优选方法,有目的地对新安江模型进行参数调整率定,得到适用于洪安涧河流域的新安江模型参数,为研究流域内洪水灾害地预报、预警工作提供重要参考。

6.1 新安江模型结构与参数

6.1.1 模型结构

最初的新安江模型为二水源模型[165],由赵人俊教授等人提出,该模型是国内第一个完整的流域水文模型。20世纪80年代中期,通过借鉴山坡水文学的概念和国内外产汇流理论的研究成果,赵人俊等人提出了三水源新安江模型。该模型考虑了降雨分布不均的影响以及下垫面条件的不同及其变化,主要用于湿润与半湿润地区,它把全流域分成许多个单元流域,对每个单元流域作产汇流计算,得到单元流域的出口流量过程,然后进行出口以下的河道洪水演算,得到该单元出流过程,所有单元流域的出流过程相加,得出流域出口的总出流过程。本书采用三水源模型,产流模式为蓄满产流;蒸散发计算采用三层蒸散发模型,地表水、地下水和壤中流三种水源均按线性水库计算河网总入流,河网汇流采用分段马斯京根连续演算法。三水源新安江模型结构如图 6-1 所示。

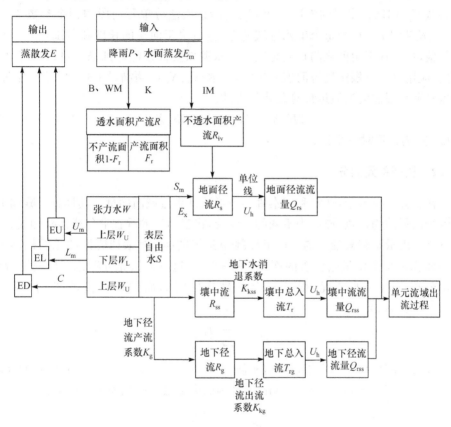

图 6-1　三水源新安江模型流程图

三水源新安江模型是一个通过长期实践和对水文规律认识基础上建立起来的概念性水文模型。模型数参数都有明确的物理意义,它们在一定程度上反映了流域的基本水文特征和降雨径流形成的物理过程。模型共有 18 个参数,包括 8 个产流参数:流域平均张力水容量(是流域张力水最大水量,表示流域的干旱程度)、上层张力水容量 U_m、下层张力水容量 L_m、深层张力水容量 D_m、张力水蓄水容量曲线方次 B(反映划分单元流域张力水蓄水条件的不均匀分程度)、不透水面积比例 I_m、蒸发折算系数 K_c(是影响产流计算最为重要和敏感的参数,反映流域平均高程与蒸发站高程之间的影响和蒸发皿与路面蒸散发之间差别的影响)、深层蒸散发系数 C(主要取决于流域内深根植物的覆盖面积);10 个汇流参数:表土自由水蓄水

容量 S_m(反映表土蓄水能力,其值受降雨资料时段均匀化的影响明显)、表土自由水蓄水容量曲线方次 E_x(反映流域自由水蓄水分布的不均匀程度)、自由水蓄水水库对地下水的出流系数 K_g(反映基岩和深层土壤的渗透性)、自由水蓄水水库对壤中流的出流系数 K_i(反映表层土的渗透性)、壤中流的消退系数 C_i、地下水库的消退系数 C_g、河网蓄水量的消退系数 C_s、马斯京根法分单元河段的两个参数 K_e 和 X_e,以及滞时 L。L 为每个单元流域的滞时,取决于河流的长度和范围,是一个经验数值,可以在率定值之前首先确定。三水源新安江模型详细描述可以参考文献[7]。应用马斯京根法进行河道演进时,参数 K_e、X_e 必须满足下式的条件,否则会导致马斯京根法河道演进计算公式的失效。

$$2K_e X_e \leqslant \Delta t \leqslant 2K_e - 2K_e X_e \qquad (6.1)$$

式中,Δt 为计算时段步长。

6.1.2　模型单元划分

在新安江模型中,通常利用泰森多边形法计算流域面雨量。其计算步骤如下:以各个雨量站为顶点,连接为不同的三角形,将三角形的垂直平分线连接构成 n 边形,这样,雨量站就被唯一的 n 边形控制,n 边形的面积代表研究区的总面积,多边形的面积是每个雨量站代表的面积,见图 6-2。这种方法充分考虑了研究流域内降雨分布不均匀的情况,根据每个雨量站控制的面积进行流域平均雨量计算[166],见式(6.2)。

$$\bar{P} = \sum_{i=0}^{n} \frac{f_i}{F} P_i \qquad (6.2)$$

式中,P_i 为各个单元面积内雨量站实测到的雨量(mm);f_i 为第 i 个单元的面积(km²);F 为研究流域的总面积(km²);$\bar{P}$ 为研究流域的平均面雨量(mm)。

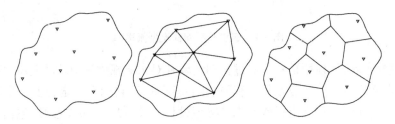

图 6-2　泰森多边形法划分流域计算单元

6.1.3　产汇流计算

1. 蒸散发计算模块

流域的蒸散发过程是水文循环的一个很重要的过程,涉及植被、土壤等多个方面,与气候、天气等有密切关系[167]。蒸散发计算问题直接影响到新安江模型的计算精度,越来越受到人们的重视[168]。

模型参数为 WUM、WLM、WDM 和 C,其中 WM＝WUM＋WLM＋WDM。EU、EL、ED,其中 E＝EU＋EL＋ED。除此之外,上层土壤含水量为 WU,下层土壤含水量为 WL,深层土壤含水量为 WD,其中 W＝WU＋WL＋WD。

蒸发计算计算原则如下:

当 $P-E+\mathrm{WU} \geqslant \mathrm{EP}$ 时,
$$\mathrm{EU}=\mathrm{EP}, \quad \mathrm{EL}=0, \quad \mathrm{ED}=0 \tag{6.3}$$

当 $P-E+\mathrm{WU}<\mathrm{EP}$ 时,
$$\mathrm{EU}=P-E+\mathrm{WU} \tag{6.4}$$

若 $\mathrm{WL} \geqslant C \times \mathrm{WLM}$,则
$$\mathrm{EL}=(\mathrm{EP}-\mathrm{EU})\frac{\mathrm{WL}}{\mathrm{WLM}}, \quad \mathrm{ED}=0 \tag{6.5}$$

若 $\mathrm{WL}<C \times \mathrm{WLM}$ 且 $\mathrm{WL} \geqslant C \times(\mathrm{EP}-\mathrm{EU})$,则
$$\mathrm{EL}=(\mathrm{EP}-\mathrm{EU}) \times C, \quad \mathrm{ED}=0 \tag{6.6}$$

若 $\mathrm{WL}<C \times \mathrm{WLM}$ 且 $\mathrm{WL}<C \times(\mathrm{EP}-\mathrm{EU})$,则
$$\mathrm{EL}=\mathrm{WL}, \quad \mathrm{ED}=C \times(\mathrm{EP}-\mathrm{EU})-\mathrm{EL} \tag{6.7}$$

新安江模型蒸散发流程见图 6-3。

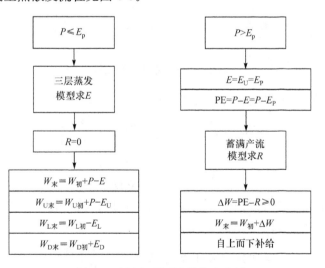

图 6-3　新安江模型蒸散发流程图

在这个阶段中涉及的参数有 WUM、C、WLM、K。

其中,K 为蒸散发能力系数,影响流域的水量平衡;WUM 为流域上层蓄水容量,其值在 5～20mm,与流域内土壤和植被情况相关,流域内植被土壤越好其值越

接近于 20;WLM 为流域下层蓄水容量,取值约为 60～90mm;C 为流域深层蒸散发系数,WUM+WLM 值越大,C 越小。

2. 产流量计算模块

新安江模型产流计算模块基本原理简化见式(6.8):

$$\frac{f}{F}=1-\left(1-\frac{W'_m}{W'_{mm}}\right)^B \tag{6.8}$$

式中,f 为蓄水容量(mm);F 为流域面积(km^2);

蓄水容量曲线见图 6-4。

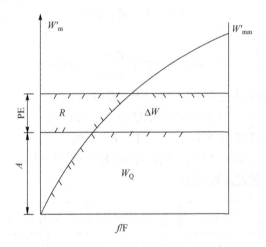

图 6-4　流域蓄水容量曲线

根据公式可以求得流域的蓄水容量为

$$WM=\int_0^{W'_{mm}}\left(1-\frac{f}{F}\right)dW'_m=\frac{W'_{mm}}{B+1} \tag{6.9}$$

$$A=W'_{mm}\left[1-\left(1-\frac{W_0}{WM}\right)^{\frac{1}{B+1}}\right] \tag{6.10}$$

由图 6-4 可以看出,当 PE=$P-E$>0 时,流域开始产流,在产流阶段:
PE+A<W'_{mm}时,

$$R=PE-WM+W_0+WM\left(1-\frac{PE+A}{W'_{mm}}\right)^{1+B} \tag{6.11}$$

PE+A≥W'_{mm}时,

$$R=PE-(WM+W_0) \tag{6.12}$$

产流量涉及的参数有 IMP、B 和 WM,分别代表流域内的不透水面积比例、蓄水容量曲线方次和蓄水容量。其中,IMP 取值约为 0.01～0.05,研究中利用土地利用资料中的建设用地面积与流域总面积相比求出；B 反映流域上蓄水容量的分布，越不均匀，B 越大；WM 在三水源新安江模型中取值约为 $120\sim180$mm。

3. 分水源计算

新安江模型的自由蓄水水库底宽是变化的，当自由蓄水深度超过自由水库最大值时，多余部分为地面径流。新安江模型中 SM 不是定值，而是概化为一条抛物线，见式（6.13）和图 6-5。

$$\frac{\mathrm{FS}}{\mathrm{FR}}=1-\left(1-\frac{\mathrm{SMF}'}{\mathrm{SMMF}}\right)^{\mathrm{EX}} \tag{6.13}$$

式中，FR 为产流面积；FS 为自由水蓄水能力；SMF' 为某一点的自由蓄水量；SMMF 为最大点的自由蓄水容量；EX 为流域自由水蓄水容量曲线指数。

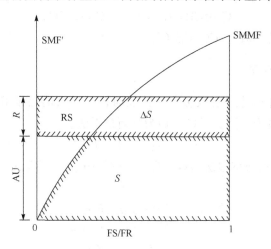

图 6-5　流域自由水蓄水容量曲线

图中 S 为流域自由水蓄水容量曲线上的自由水在产流面积山的平均蓄水深度，当 AU＝SMMF 时，S＝SMF，可得平均蓄水容量深 SMF 为

$$\mathrm{SMF}=\frac{\mathrm{SMMF}}{\mathrm{EX}+1} \tag{6.14}$$

此时对应的纵坐标 AU 为

$$\mathrm{AU}=\mathrm{SMMF}\left[1-\left(1-\frac{S}{\mathrm{SMF}}\right)^{\frac{1}{1+\mathrm{EX}}}\right] \tag{6.15}$$

分水源计算中的参数有：SM、EX、KS 和 KG。SM 取值约为 $10\sim50$mm，时段越小，参数 SM 的数值要相应增大；EX 表示自由水的不均匀性；KG 为自由水库地下径流出流系数；KS 为自由水库壤中流出流系数，KG＋KS＝0.7。

4. 汇流计算模块

汇流包括坡地汇流和河网汇流两个阶段[169]。坡地汇流获取地面净雨和地下净雨分别见式(6.16)~式(6.18)。

$$QS_t = \sum_{i=0,1}^{n,n-1} q_i \times RS_{t-i+1}/10 \tag{6.16}$$

$$QG_t = CG \times QG_{t-1} + (1-CG) \times RG_t \times U \tag{6.17}$$

$$U = \frac{F}{3.6\Delta t} \tag{6.18}$$

河网汇流见式(6.19)和式(6.20)。

$$QT_t = QS_t + QG_t \tag{6.19}$$

$$Q_t = CR \times Q_{t-1} + (1-CR) \times QT_t \tag{6.20}$$

汇流计算中的参数有:CG、CS、CI。

6.1.4　河道洪水演进

河道洪水演进有马斯京根法[170]、特征河长法[171]、滞后演算法[172]等,其中以马斯京根法应用最为广泛。式(6.21)为马斯京根法。

$$O_2 = C_0 I_2 + C_1 I_1 + C_2 O_1 \tag{6.21}$$

式中,C_0、C_1、C_2为马斯京根法演算系数,$C_0 + C_1 + C_2 = 1$。C_0、C_1、C_2的计算方程式见式(6.22)。

$$\begin{cases} C_0 = \dfrac{0.5\Delta t - Kx}{K(1-x) + 0.5\Delta t} \\[3mm] C_1 = \dfrac{0.5\Delta t + Kx}{K(1-x) + 0.5\Delta t} \\[3mm] C_2 = \dfrac{K(1-x) - 0.5\Delta t}{K(1-x) + 0.5\Delta t} \end{cases} \tag{6.22}$$

6.2　考虑人类活动影响的新安江模型洪水预报

结合实际情况来说,若前期流域比较干旱,我们要对径流进行截流蓄水;反之,若前期降水量比较充沛,汛期之前,我们要提前对水库进行放水。在此过程中,流域内的水库、塘(堰)坝工程对流域的径流影响很大。

根据第 3 章中的内容可知,研究时段内洪安涧河流域内只有 1 个水利工程——五马水库。虽然水利工程建设带来的影响有限,但也应将其影响在实际预报过程中加以考虑。

6.2.1　模型单元划分

新安江模型划分单元方法通常为泰森多边形法,这种方法充分考虑了研究流域内降雨分布不均匀的情况,以雨量站控制面积为计算单元,根据泰森多边形法单元划分原则,以直线方式进行划分,仅仅是考虑了雨量分布的不均匀性,没有充分考虑地形的影响,这在一定程度上会影响分析的精度。不考虑流域的地形,可能会导致流域在汇流过程中汇流路径过于理想化,会出现本该由 B 流域主河道汇流的雨量经由 A 河道汇流的现象,不利于科学化的模拟。

本研究在 HEC_HMS 子流域划分的启发下,在流域计算单元划分时综合考虑地理情况、流域边界和泰森多边形的影响[173]。研究利用 Mapinfo 软件对已有的流域进行合并,得到几个较大的流域,划分过程中尽可能地让每一个单元流域都有至少一块泰森多边形划分的块区。见图 6-6。

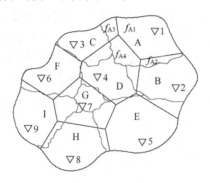

图 6-6　计算单元划分

图中曲线划分区域 A～I 是按照地形情况划分的小流域,即研究所用新安江模型计算单元划分方法,1～9 为已知资料的雨量站。在划分单元流域时,应综合考虑小流域自然地理情况和泰森多边形划分的雨量站控制面积,雨量站实测雨量按照式(6.23)和式(6.24)进行计算。

$$w_{Ai} = \frac{f_{Ai}}{f_i} \tag{6.23}$$

$$P_A = \sum_{i=1}^{n} P_{Ai} \times w_{Ai} \tag{6.24}$$

式中,f_{Ai} 为泰森多边形面积在 A 流域中所占面积大小;f_i 为雨量站控制面积;w_{Ai} 为雨量站 i 在流域 A 中占的雨量比例;P_A 为流域单元 A 的平均面雨量;P_{Ai} 为雨量站 i 的实测雨量。

在划分单元流域时,需要将小流域自然地理情况和雨量站控制面积综合考虑。如图 6-6 中单元流域 A 中有雨量站 1、2、3、4 的控制面积,其控制面积均由泰森多边形方法划分得到,分别是 f_1、f_2、f_3、f_4;在流域 A 中的面积分别为 f_{A1}、f_{A2}、f_{A3}、f_{A4},则各雨量站控制面积中在流域 A 中所占权重分别为 $w_1 = f_{Ai}/f_1$、$w_2 = f_{A2}/f_2$、$w_3 = f_{A3}/f_3$、$w_4 = f_{A4}/f_4$,由此可求得 P_A 及其他单元的雨量。

这种划分计算单元的方法不仅考虑了流域面积上降雨的均匀分布情况,又考虑了流域内地形地貌的影响,使得计算单元划分更趋于科学化和合理化,为提高模型模拟精度提供科学的数据基础。

6.2.2 人类活动对新安江模型参数的影响

根据第 3 章的内容可知,研究流域内人类活动对的土地利用类型和状况的影响非常小。洪安涧河流域内土地类型共有 5 种,分别为林地、耕地、建设用地、水域及草地,研究流域内主要植被覆盖类型为林地、其次为耕地及草地。根据 1990～2015 年间土地利用数据分析可知:研究流域内各种土地类型的面积的变比均不大,其中草地面积变化最大,林地和耕地次之,水域及建设用地变化较小,耕地和林地的面积都有少许增加量,但总面积基本无变化,草地面积略微有减少趋势。林地部分,有林地和疏林地面积呈小幅度的增加趋势,灌木林地和其他林地面积呈减少趋势;草地部分,高覆盖度草地面积减少,中低覆盖度的草地面积增加,可见研究流域内草地有日渐退化的趋势,草地的总面积总体是减少的趋势,但变化幅度非常小。除此之外,水域和建设用地的面积无较大变化。

1990～2015 年间洪安涧河流域内各个土地利用类型的面积相似程度极大,均在 96％以上,土地利用类型无变化。由此可以推知在该研究流域内人类活动对土地利用类型造成的影响非常小,因此,在本次研究中可以不予考虑,仅仅考虑水库塘(堰)坝等工程对新安江模型参数值的影响。

根据 3.2.2 节中的描述,水库塘(堰)坝等工程对新安江模型参数有一定的影响,因此在新安江模型参数选取中需要考虑五马水库的库容。

6.3 SCE-UA算法对新安江模型参数的优选

6.3.1 SCE-UA 算法

SCE-UA 算法是在单纯形法的基础上提出的,由基因算法和进化原理综合而成,是一种可快速有效地搜索到水文模型最优解的有效方法[174-176]。这种优化算法根据生物竞争进化的思路,通过对复合体的多次洗牌,确保每个复合体的信息在整个空间中得以共享,在收敛得到全局最优解的同时,有效地避免局部最优现象,对于多目标、高维度的实际应用问题具有很高的稳定性且效果更优。SCE-UA 优化算法的流程见图 6-7。

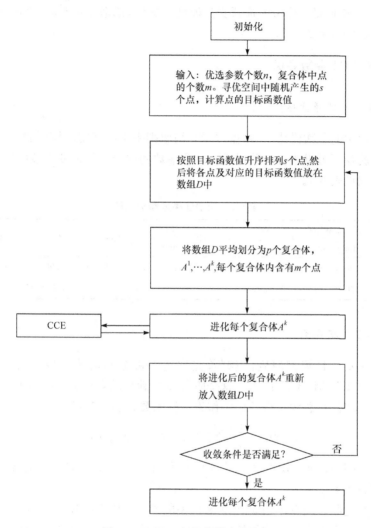

图 6-7　SCE-UA 优化算法的流程

　　SCE-UA 优化算法在选优过程中主要分为以下几个步骤：初始化→产生样本点→样本点排序→划分符合形群体→复合形进化→复合形混合→收敛性判断。在图 6-7 中：

$$s=pm, \quad D=\{x_i,f_j/j-1,2,\cdots,s\},$$

$$A^k=\{x_j^k,f_j^k/x_j^k=x_z+p(j-1), \quad f_j^k=f_k+p(j-1), \quad j=1,\cdots,m, \quad k=1,\cdots,p,$$

　　SCE-UA 优化算法有多个参数，包括 z、q、m、p、y 等，分别为繁殖代数、子复合体中点数、每个复合体中点数、复合体个数、附带繁衍子代数，这些参数共同作用于 SCE-UA 模型，直接影响到计算精度。

在基于 SCE-UA 算法优选新安江模型参数中,选取 $p=2, m=2n+1, q=n+1, s=pm, \alpha=1, \beta=2n+1$。

6.3.2 SCE-UA 参数寻优

1. 确定参数寻优区间

研究使用的是次洪模型,根据水量平衡原则率定出新安江模型的部分参数,再运行产汇流及河道洪水演进阶段进行剩余参数的率定。根据 6.1 节中描述模型参数及其范围见表 6-1。

表 6-1　新安江模型参数范围

参数	K	WUM /mm	WLM /mm	C	WM /mm	B	IMP	SM /mm	EX	KG	KI	CG	CI	CS	XE
下限	0.1	5	60	0.09	120	0.3	0.01	10	1.0	0.3	0.2	0.98	0	0.70	0.1
上限	1.5	20	90	0.20	180	0.4	0.05	50	1.5	0.5	0.4	0.998	0.90	0.90	0.4

2. 确定目标函数

参照新安江日模型原则,模型首先率定一部分与时段长度无关的参数,如 WUM、WDM、WM、B、C、K 等。这个阶段需要满足的条件是总体水量平衡,即令实测总水量和计算总水量误差最小作为目标函数,见式(6.25)。

$$f_1(\theta) = \frac{1}{N} \left| \sum_{i=1}^{N} \left[Q_{obs,i}(\theta) - Q_{cal,i}(\theta) \right] \right| \tag{6.25}$$

式中,N 为流量序列的长度;Q_{obs} 为实测流量序列;Q_{cal} 为模拟计算得到的流量序列;θ 为优选参数。

其次率定的是模型中与场次洪水有关的参数,如 SM、KG、KI、CG、CI、CS 等参数。选取研究的次洪模型目标函数满足对数绝对值误差最小作为目标函数,见式(6.26)。

$$f_2(\theta) = \frac{1}{N} \frac{\sum\limits_{i=1}^{N} \left| \lg\left(\dfrac{Q_{obs,i}}{Q_{cal,i}}\right) \right|}{\sum\limits_{i=1}^{N} \left| \lg(Q_{cal,i}(\theta)) \right|} \tag{6.26}$$

3. 迭代准则

研究中若进行了 5 次循环精度仍然无法提高,或者连续 5 次迭代后参数值没有显著的改变,则认为迭代停止[177]。

6.3.3　新安江模型评价标准

1. 误差计算方法

新安江模型主要是通过径流深相对误差、洪峰相对误差和确定性系数来进行评判。

（1）径流深相对误差

$$dr = \frac{tr_0 - tr_c}{tr_0} \times 100\% \tag{6.27}$$

式中，tr_0 为实测径流深；tr_c 为计算径流深。

（2）洪峰相对误差

$$dq = \frac{Q_0 - Q_c}{Q_0} \times 100\% \tag{6.28}$$

式中，Q_0 为实测洪峰流量；Q_c 为计算洪峰流量。

（3）确定性系数

$$dc = 1 - \frac{S_c^2}{\sigma_y^2} \tag{6.29}$$

式中，S_c 为预报误差的均方差，$S_c = \sqrt{\frac{1}{n} \sum_1^n (y_i - \bar{y})^2}$；$\sigma_y$ 为预报要素值的均方差，$\sigma_y = \sqrt{\frac{1}{n} \sum_1^n (y_i - \bar{y})^2}$；$y_i$ 为实测值；$\bar{y}$ 为均值；y 为预报值；n 为资料数量。

2. 合格评价要求

水文预报的结果需同时满足以下几个要求才能被认为是预报合格。

（1）洪峰流量误差许可。

实测洪峰流量值和预报值许可误差范围应小于 20%[178]。

（2）峰现时间预报误差许可。

根据《水文情报预报规范》[178]，峰现时间误差是指预报的洪水峰现时间和实测的洪水峰现时间之间的差值，期间以 30% 作为许可误差，研究以 3h 作为误差许可范围。

3. 预报精度评定

预报精度评价时需要同时考虑预报的合格率 QR 和确定性系数 DC。

（1）预报合格率 QR。

QR 是指预报结果中误差在允许范围内的洪水场次数在总体预报场次中所占

的比例,计算方法见式(6.30)。

$$QR = \frac{n}{m} \times 100\%$$ (6.30)

(2)确定性系数 DC。

$$DC = 1 - \frac{\sum_{i=1}^{n} [y_c(i) - y_0(i)]^2}{\sum_{i=1}^{n} [y_0(i) - \bar{y}_0]^2}$$ (6.31)

式中,DC 为确定性系数;$y_0(i)$ 为水文序列中洪水实测值;$y_c(i)$ 为水文序列中洪水预报值;$\bar{y}_0$ 为水文序列中洪水实测值求平均;n 为水文序列长度。

研究所用的等级评价标准见表 6-2。

表 6-2　水文预报等级评价表

等级	甲	乙	丙
QR	QR≥85.0	85.0>QR≥70.0	70.0>QR>60.0
DC	DC≥0.90	0.90>DC≥0.70	0.70>DC>0.50

6.4　模 型 应 用

6.4.1　数据收集和处理

1. 数据处理

研究流域内年平均气温 11.8℃,无霜期平均 187d。年平均降水量为 558.5mm,其中丰水年(1975 年)为 795.5mm,枯水年(1965 年)为 295.2mm。降水分布规律基本上是:东北部多,西南部少;高山地带多,丘陵地带少。北部石山地貌区 610mm,中东部土石山区 558mm,南部丘陵沟壑区 548mm。

研究运用新安江次洪模型进行流域的参数率定以及洪水预报。处理资料时,将水文降雨、蒸发和径流资料整理成同一格式的时间序列,研究选用 2008~2013 年的逐小时实测蒸发量、流量和降水量资料进行模拟计算。蒸发资料采用临汾市水文水资源局提供的实测蒸发数据,通过参数平均的方法进行处理,降雨资料采用已知的 7 个雨量站实测降雨资料进行插补处理。

2. 流域边界确定

研究中洪安涧河流域的边界是采用 Mapinfo 软件进行划分的,在此过程中需结合山西境内 1∶50000 地形图及古县卫星遥感影像综合确定。图 6-8 为洪安涧河流域边界示意图。

图 6-8　洪安涧河流域边界示意图

3. 计算单元划分

收集研究区域内 7 个雨量站信息，并利用 ArcGis 软件进行泰森多边形单元划分，各雨量站详细信息及泰森多边形划分得到的权重见表 6-3。

表 6-3　雨量站信息表

编号	名称	经度/(°)	纬度/(°)	面积/km²	权重
41032400	北平	112.0671	36.54092	80.95	0.082
41032450	凌云	111.9786	36.44288	138.3	0.14
41032500	金堆	113.053	36.4649	71.82	0.073
41032600	多沟	111.9596	36.38776	105	0.107
41032650	下冶	111.9867	36.34809	198.6	0.201
41032800	永乐	112.0839	36.151	189.3	0.192
41033050	高城	112.0671	36.23469	200.4	0.205

　　根据洪安涧河流域的实际地理状况,将洪安涧河流域分成两个小流域,每个流域内的降雨参考泰森多边形划分块进行相应的权重分配。各单元流域划分见图 6-9。

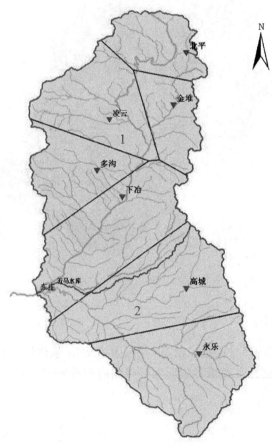

图 6-9　调整后的洪安涧河流域计算单元划分

　　图中曲线内的区域范围是根据古县 1：50000 地形图和古县卫星遥感图像确定的计算单元划分范围,内部直线包含的范围是 ArcGis 划分出的由各个雨量站控制的区域。这种单元划分的方法,以曲线范围内的流域作为计算单元,充分考虑到流域地形的影响,划分好的单元内降雨量按照单元内雨量站控制面积由加权求和确定。

　　划分得到的结果及相应的权重见表 6-4。

表 6-4　单元划分结果

流域单元	单元面积/km²	所受雨量站影响	单元流域内雨量站面积/km²	占泰森多边形中各雨量站的权重
1	602.77	1. 北平	80.95	1
		2. 金堆	71.8	1
		3. 凌云	138.3	1
		4. 多沟	105	1
		5. 下冶	182.47	0.919
		6. 高城	24.3	0.121
2	381.53	1. 下冶	16.13	0.081
		2. 高城	176.1	0.879
		3. 永乐	189.3	1

　　以流域单元 2 为例,2008 年 8 月 1 日下冶雨量站收集到的降雨资料有0.16mm,则这些降雨量分别按照 0.919 和 0.081 的权重分配在流域单元 1 和流域单元 2 上,分配在流域 1 上的雨量为 0.13mm,分配在流域 2 上的雨量为 0.03mm。同样的道理可以计算得到流域单元 2 上高城雨量站分配的雨量以及永乐雨量站分配的雨量,求得三个雨量站分配在流域单元 2 上的雨量之和,即认为是流域单元 2内的实测降雨量资料。

6.4.2　新安江模型在洪安涧河流域中的应用

　　模型应用过程中采用 6 场洪水资料进行参数率定,2 场洪水资料进行参数检验。研究中的参数率定采用新安江模型中的次洪模型进行,时段长度选取为 1h,根据历史收集到的场次洪水信息作相应的插补处理。本研究根据东庄站以上小流域的水文特性,用新安江次洪模型对研究流域汛期的径流过程进行模拟,进而得到相应的洪水预报结果。在参数率定过程中,要充分考虑研究流域内的水量平衡,新安江次洪模型中参数率定需要达到的标准已在 6.2.3 节描述,此处不再赘述。

　　根据实测的 6 场洪水率定得到合理的参数,结果见表 6-5。

表 6-5　洪安涧河流域新安江模型参数表($\Delta t = 1h$)

K	WUM /mm	WLM /mm	C	WM /mm	B	IMP	SM /mm	EX	KG	KI	CG	CI	CS	XE	KE
0.6	16	80	0.15	126	0.4	0.001	30	1.5	0.3	0.4	0.98	0.9	0.90	0.4	0.25

　　参数中的 IMP 依据土地利用资料求得,对选取的 6 场洪水进行参数率定,2 场洪水进行参数验证,计算模拟误差分析统计结果见表 6-6。

表 6-6　洪安涧河流域新安江模型模拟误差统计

阶段划分	洪号	径流计算总量/ (m^3/s)	径流实测总量/ (m^3/s)	径流相对误差/ /%	计算洪峰流量/ (m^3/s)	实测洪峰流量/ (m^3/s)	洪峰流量相对误差/ /%	峰现时间误差/ /%	DC	精度评价
参数率定	20080801	9.19	10.86	−15.36	103.34	119	−14.05	−2	0.90	甲
	20080825	53.58	51.97	3.11	172.21	188	−8.40	1	0.67	丙
	20090720	23	19.16	20.04	156.98	172	−8.74	−2	0.63	丙
	20100731	186.01	196.89	−5.53	380.79	365	4.30	−1	0.58	丙
	20100809	19.68	20.96	−6.11	131.30	134	−2.02	−1	0.88	乙
	20110802	43.93	45.27	−7.06	206.32	256	−19.41	+2	0.61	丙
参数验证	20130713	33.10	36.03	−8.13	222.50	188	18.35	−2	0.76	乙
	20130810	27.10	26.43	2.55	177.12	182	−2.68	−2	0.82	乙

　　注:表中相对误差为实测值和预报值之间的差值,数值为负则说明预报值比实测值小,数值为正则说明预报值比实测值大;峰现时间误差中负表示预报洪峰出现时间比实测洪峰出现时间要提前,否则表示推迟。

　　分析表 6-6 中的数据可知,新安江模型模拟结果中洪峰误差、径流误差以及确定项系数均符合规范要求,可用于洪安涧河流域的洪水预报领域。

6.4.3　考虑人类活动的新安江模型在洪安涧河流域中的建立及求解

　　1. 水利工程建设对洪安涧河流域的影响程度分析

　　由水利工程建设资料的调查和分析可知,洪安涧河流域中水库有一座(五马水库),其在流域中的详细信息见表 6-7。

表 6-7　水利工程位置信息表

名称	所在单元	库容/万 m^3	单元面积/km^2	上/中/下游
五马水库	2	542	381.53	下游

　　根据式(6.1)、式(6.2)和水库塘坝基本位置资料,通过计算可以求解得到五马水库对流域平均蓄水能力的影响。以五马水库为例,该单元内水利工程有效拦蓄能力

$$B = \frac{3}{5} V_3 \times 10000 = \frac{3}{5} \times 542 \times 10000 = 3252000 \text{m}^3 \qquad (6.32)$$

2 号流域内五马水库有效蓄水能力

$$\text{WM}_2 = B/(1000 \times A) = 3252000/(1000 \times 135.4) = 23.99 \text{mm} \qquad (6.33)$$

求解得到五马水库在 2 号单元里的有效拦蓄水能力为 23.99mm。由此可得到洪安涧河流域内水利工程建设对于流域平均蓄水能力的影响大小,为考虑人类活动的新安江模型计算奠定基础。

2. 模型参数求解

考虑人类活动的新安江模型参数率定仍选用 2008～2013 年的逐小时蒸发量、流量和降雨量资料。用于模型中的 8 场洪水资料(6 场率定,2 场验证),与不考虑人类活动的新安江模型所用洪水资料相同。

考虑到水利工程建设情况对流域蓄水能力 WM 有影响,为便于结果对比,WM 需按照 3.2.2 节中的步骤进行考虑,在单元 2 中加上相应的数值以研究水库塘坝等水利工程的建设对新安江模型预报结果的影响,模型中部分不敏感的参数保持不变。对考虑人类活动的新安江模型,仍采用 6 场洪水进行率定,2 场洪水进行参数验证参数。考虑人类活动的新安江模型计算模拟误差分析,参数见表 6-8,统计结果见表 6-9。

表 6-8　考虑人类活动的新安江模型获取参数结果($\Delta t = 1$h)

次数	K	WUM /mm	WLM /mm	C	WM /mm	B	IMP	SM /mm	EX	KG	KI	CG	CI	CS	XE	KE
1	0.6	10	80	0.15	126	0.4	0.001	30	1.5	0.3	0.4	0.98	0.9	0.8	0.4	0.25
2	0.6	20	90	0.1	149	0.4	0.001	35	1.5	0.5	0.2	0.98	0.9	0.9	0.25	0.25

表 6-9　考虑人类活动的新安江模型模拟结果误差统计

阶段划分	洪号	径流计算总量/ (m³/s)	径流实测总量/ (m³/s)	径流相对误差 /%	计算洪峰流量/ (m³/s)	实测洪峰流量/ (m³/s)	洪峰流量相对误差 /%	峰现时间误差 /h	DC	精度评价
参数率定	20080801	9.19	8.79	−19.05	103.91	119	10.01	−2	0.86	乙
	20080825	53.58	44.81	−13.77	190.69	188	1.43	−1	0.71	乙
	20090720	23	16.76	−12.53	174.57	172	1.49	−1	0.71	乙
	20100731	186.01	180.01	−8.49	396.45	365	8.59	−1	0.67	丙
	20100809	19.68	17.42	−16.90	143.35	134	6.98	−2	0.92	甲
	20110802	43.93	34.73	−18.86	209.9	256	5.11	+1	0.85	乙
参数验证	20130713	33.10	27.51	−23.03	218.63	188	5.17	−1	0.78	乙
	20130810	27.10	21.15	−19.97	177.33	182	−7.92	−1	0.84	乙

注:表中相对误差为实测值和预报值之间的差值,数值为负则说明预报值比实测值小,数值为正则说明预报值比实测值大;峰现时间误差中负表示预报洪峰出现时间比实测洪峰出现时间要提前,否则表示推迟。

　　综合来看,根据实测 6 场洪水进行的参数率定结果是符合规范要求的,2 场实测洪水进行参数验证也符合规范要求,说明考虑人类活动的新安江模型可用于研究流域的洪水预报工作。

6.4.4　基于 SCE-UA 方法的改进新安江模型应用求解

　　在新安江模型基础上采用 SCE-UA 优化算法对模型的参数进行优化率定,参数取值范围见 6.2 节。研究采用的是新安江次洪模型,首先对新安江模型中的参数进行迭代寻优,根据目标函数误差最小的优选原则,率定得到模型中与时段长度无关的参数,如 EX、WUM、IMP、WDM、WM、B、C、K 等,然后固定这几个参数值,调整剩余的参数,如 SM、KG、KI、CG、CI、CS 等。

　　基于 SCE-UA 方法的新安江模型参数率定可通过 MATLAB 语言代码实现,参数率定中为满足两个目标函数,需要用 SCE-UA 方法进行多次迭代,详细见 6.2 节。经过 SCE-UA 优选方法并考虑人类活动影响最终得到的模型参数见表 6-10。

表 6-10　基于 SCE-UA 方法并考虑人类活动新安江模型参数表（$\Delta t = 1\text{h}$）

次数	K	WUM /mm	WLM /mm	C	WM /mm	B	IMP	SM /mm	EX	KG	KI	CG	CI	CS	XE	KE
1	0.8	20	80	0.15	120	0.4	0.001	50	1.3	0.5	0.2	0.98	0.9	0.9	0.25	0.3
2	0.8	20	90	0.13	143	0.4	0.001	50	1.5	0.5	0.2	0.998	0.9	0.9	0.25	0.3

　　对 6 场洪水进行参数率定,2 场洪水进行参数验证,计算模拟误差分析,统计结果见表 6-11。

表 6-11　基于 SCE-UA 方法的改进新安江模型模拟结果统计

阶段划分	洪号	径流计算总量/ (m^3/s)	径流实测总量/ (m^3/s)	径流相对误差 /%	计算洪峰流量/ (m^3/s)	实测洪峰流量/ (m^3/s)	洪峰流量相对误差 /%	峰现时间误差 /h	DC	精度评价
参数率定	20080801	8.89	8.79	−18.15	102.28	119	−14.05	0	0.95	甲
	20080825	48.58	44.81	−6.52	179.09	188	−4.74	−2	0.73	乙
	20090720	20.80	16.76	8.56	165.79	172	−3.61	−1	0.76	乙
	20100731	169.26	180.01	−14.03	397.72	365	8.94	+1	0.65	丙
	20100809	18.10	17.42	−13.65	115.08	134	−14.12	0	0.99	甲
	20110802	40.93	34.73	−9.58	269.08	256	−18.01	0	0.94	甲
参数验证	20130713	32.07	27.51	−10.98	197.72	188	16.29	0	0.93	甲
	20130810	25.04	21.15	−5.27	167.58	182	−2.57	+1	0.88	乙

注:表中相对误差为实测值和预报值之间的差值,数值为负则说明预报值比实测值小,数值为正则说明预报值比实测值大;峰现时间误差中负表示预报洪峰出现时间比实测洪峰出现时间要提前,否则表示推迟。

6.4.5　模型结果分析比较

参数率定期和参数验证期共 8 场洪水,分别用改进前后的新安江模型进行模拟,为便于结果对比,三种新安江模型的计算结果见表 6-12,运用三种模拟方法的场次洪水模拟过程与实测过程的对比图见图 6-10～图 6-17。

表 6-12　模型应用结果比较

洪号	不考虑人类活动			考虑人类活动			基于 SCE-UA		
	径流相对误差/%	洪峰流量相对误差/%	DC	径流相对误差/%	洪峰流量相对误差/%	DC	径流相对误差/%	洪峰流量相对误差/%	DC
20080801	−15.36	−14.05	0.90	−19.05	10.01	0.96	−18.15	−14.05	0.95
20080825	3.11	−8.40	0.67	−13.77	1.43	0.71	−6.52	−4.74	0.73
20090720	20.04	−8.74	0.63	−12.53	1.49	0.71	8.56	−3.61	0.76
20100731	−5.53	4.30	0.58	−8.49	8.59	0.64	−14.03	8.94	0.65
20100809	−6.11	−2.02	0.88	−16.90	6.98	0.92	−13.65	−14.12	0.99
20110802	−7.06	−19.41	0.61	−18.86	5.11	0.85	−9.58	−18.01	0.94
20130713	−8.13	18.35	0.76	−23.03	5.17	0.78	−10.98	16.29	0.93
20130810	2.55	−2.68	0.82	−19.97	−7.92	0.84	−5.27	−2.57	0.88

注:表中相对误差为预报值与实测值之间的差值,数值为负则说明预报值比实测值小,数值为正则说明预报值比实测值大。

表 6-12 中分别给出了新安江模型、考虑人类活动的新安江模型和基于 SCE-UA 的改进新安江模型在洪安涧河流域的模拟结果。从表中数据可以看出,考虑人类活动的新安江模型在一定程度上减小了洪峰流量相对误差和径流相对误差,并使得确定性系数 DC 值增大,峰现时间滞后。而基于 SCE-UA 方法并考虑人类活动影响的新安江模型求得的确定性系数值更大。

针对评价等级方面,未考虑人类活动的新安江模型,达到甲级的有 1 场,乙级的有 3 场,丙级的有 4 场,三个等级占总数的比例分别为:12.5%、37.5% 和 50.0%;考虑人类活动的新安江模型评价等级为乙级的洪水场次达到 5 场,所占比例由原来的 37.5% 提高至 62.5%,等级达到甲级和丙级的各有 1 场,且等级评价数值均有所增加;相对于新安江模型来说,基于 SCE-UA 优选方法并考虑人类活动的新安江模型等级达到甲级的有 4 场,乙级的有 3 场,丙级的有 1 场,分别占总数的比例为:50%、37.5% 和 12.5%,模拟精度更高。

图 6-10～图 6-17 是分别用新安江模型、考虑人类活动的新安江模型以及基于

SCE-UA 的改进新安江模型对 8 场实测洪水的模拟过程。

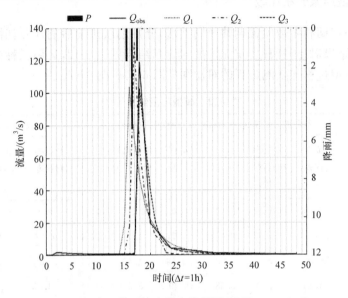

图 6-10　新安江模型场次洪水模拟图(洪号：20080801)

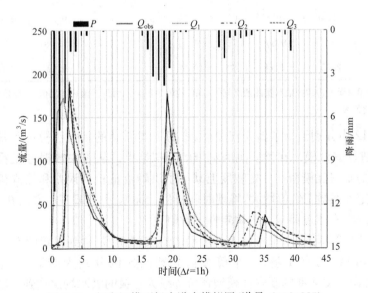

图 6-11　新安江模型场次洪水模拟图(洪号：20080825)

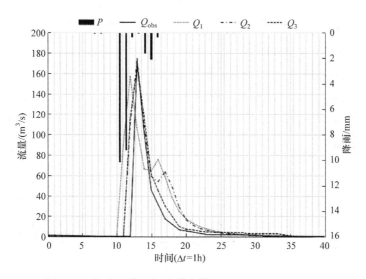

图 6-12　新安江模型场次洪水模拟图(洪号：20090720)

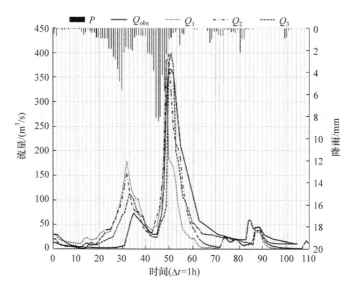

图 6-13　新安江模型场次洪水模拟图(洪号：20100731)

图 6-10～图 6-17 中，P 为降雨量，Q_{obs} 为实测洪水，Q_1 为新安江模型模拟的洪水过程，Q_2 为考虑人类活动的新安江模型模拟的洪水过程，Q_3 为基于 SCE-UA 算法改进的新安江模型模拟的洪水过程，时间间隔 Δt 为 1h。由图 6-10～图 6-17 和表 6-12 可以看出：

(1) 研究所用三种模型方法均符合规范的精度要求，适用于洪安涧河流域水文预报工作。三种方法模拟多峰洪水过程效果最差，多个洪峰之间峰谷下落略快，

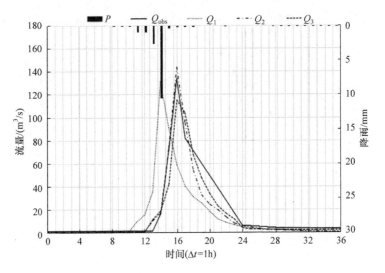

图 6-14　新安江模型场次洪水模拟图(洪号:20100809)

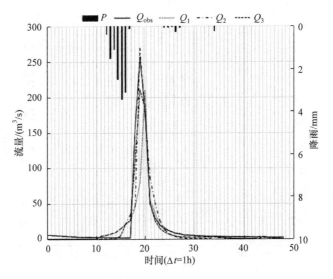

图 6-15　新安江模型场次洪水模拟图(洪号:20110802)

且各个洪峰误差不能全部满足规范要求。

（2）新安江模型模拟过程中参数率定用的是人工试错法,得到的洪峰峰现时间与实测峰现时间之间的误差较大,峰量偏大,峰前洪水过程线比实测偏高,峰后过程线比实测偏低,且模拟过程中有降雨就会有明显的壅高现象,但在实际洪水过程中壅高现象并不显著甚至没有壅高。

（3）考虑人类活动的新安江模型,运用人工试错法进行参数率定工作,比新安

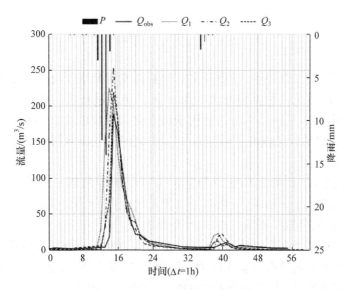

图 6-16　新安江模型场次洪水模拟图(洪号:20130713)

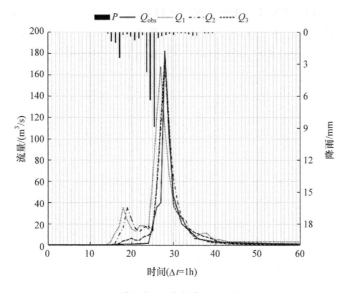

图 6-17　新安江模型场次洪水模拟图(洪号:20130810)

江模型洪峰误差小,峰现时间和洪峰流量与实测资料较为符合,洪峰前后的洪水过程与实测也更为接近。

(4) 基于 SCE-UA 算法的新安江模型模拟结果误差最小,其评价等级也是三种水文预报方法中精度最高的,模拟洪水过程与实测洪水过程最为接近,尤其是对于单峰的场次洪水,预报精度均能达到乙级及以上,可用于实际水文预报。

6.5 小　　结

　　研究运用了新安江模型、考虑人类活动的新安江模型以及基于 SCE-UA 算法的改进新安江模型的三种模拟方法,对洪安涧河流域进行水文预报,均取得了良好的效果。分析可知,三种模拟方法适用于洪安涧河流域的水文预报领域,其中,基于 SCE-UA 算法的改进新安江模型对于洪安涧河流域洪水过程的模拟更贴近实际情况。

　　模拟过程中,三种模拟方法均可通过 MATLAB 编程语言实现。在此过程中,新安江模型采用人工试错法,参数率定过程耗时较多,且由于人的主观认识可能会造成一些误差,虽模拟结果满足要求,但仍需改进。

　　考虑人类活动的新安江模型,将各个单元内的水库库容通过科学的计算公式概化成为计算单元内的有效蓄水能力,继而影响到整个研究流域的洪水过程,提高了水文模拟的精度,但人工试错法耗时较多,需进一步改进。

　　基于 SCE-UA 方法的改进新安江模型,是在考虑人类活动的新安江模型的基础上,进行计算机自动优选参数的过程,该过程利用计算机进行迭代循环得到最优参数,在一定程度上减小了人工试错法产生的主观误差,提高了模拟精度,在洪安涧河流域的洪水模拟过程中应用效果良好,具有重要的实用价值。

第 7 章　基于 HEC-HMS 模型的洪水预报

HEC-HMS 是一款在国外被广泛应用的分布式水文模型,该模型依托 GIS 的 HEC-GeoHMS 扩展模块。本章以洪安涧河流域为例,对原始 DEM 进行预处理,提取洪安涧河流域的河网和子流域,将整个流域划分为 13 个子流域。提取子流域坡度和最长汇流路径等流域地形和河流特征参数,根据雨量站点信息和子流域,用泰森多边形雨量权重法求得每个子流域所占的雨量站的面积,每个雨量站的面积与子流域面积的比值即为权重,从而得到子流域的面平均雨量。结合土壤和土地利用数据求得各子流域径流曲线参数(CN)值,建立洪安涧河流域数据库。

7.1　HEC-HMS 模型原理及结构

7.1.1　流域模块

流域模块和气象模块是 HEC-HMS 模型运行的基础和关键,HEC-GeoHMS[179]模块提供了对地形数据和土地利用等数据的处理功能,提取河网、划分子流域得到流域的地形特征和河流的特征参数,如河长、坡降等;生成 HEC-HMS 能识别正确格式的流域模型文件和背景地图文件。

流域模块选取子流域、河道、水源地、交汇点等水文要素,按自然流域的顺序组成流域的水流过程。每个计算单元可选用不同的计算方法,也可设置不同的参数值。流域模型主要用于子流域的径流数据输入、土壤吸收和存储损失计算、将降雨转化成径流计算、径流的汇集和传播计算及河道的演变计算。本研究产流计算选择 SCS-CN 法、直接径流计算 Snyder 单位线法,河道演算选择马斯京根法。

7.1.2　气象模块

气象模块是一个工程的主要组成部分,用于存储流域的气象数据(如降雨、径流、蒸发),其作用是为子流域准备气象边界条件。在每个子流域输入所控制的雨量站名称及所占权重值,并选择雨量计算方法,这些信息能详细说明降雨量在子流域上的分配情况。气象模块提供多种计算子流域面降雨量的计算方法,包括:泰森多边形法是根据雨量站的分布,将整个流域划分为几个子流域,并依据各子流域所占面积比重分配降雨量;频率暴雨法,用于生成一个由降水统计数据合成的暴雨集合;栅格降水法,用于 ModClark 栅格转换法,常用于基于雷达的降水预测模型;距离倒数法,以插值点和样本点之间距离倒数的平方作为权重,插值点距离样本点越近,其权重越大,用于实时的预报系统;SCS-CN 法利用 GIS 与 RS 技术快速获取参数,实现流域降雨径流的计算,是目前普遍推广的方法之一[180]。

7.1.3　控制运行模块

控制运行模块需要设定所模拟的场次洪水的开始时间、结束时间和模拟的时间步长,以便于读取场次洪水的降雨和流量资料。本书采用插值好的 1h 时间步长来进行洪水模拟。若直接径流计算采用 SCS 单位线法模拟,模拟过程线时间步长必须小于子流域滞时时间的 0.29 倍。

7.1.4　时间序列模块

时间序列模块用于存放各站降雨量和出口断面的流量资料等,需要在时间窗口输入场次洪水的起始和结束时间,并可以查看各雨量站和水文站的降雨及流量分布图表。水文资料的导入可通过 HEC-DSS[181] 软件来实现。

7.2　HEC-HMS 模型计算模块

HEC-HMS 模型[182]计算模块包括产流、直接径流、基流和河道汇流四个独立部分,HEC-HMS 模型结构见图 7-1。本书根据洪安涧河流域实际情况,不考虑基流的影响。

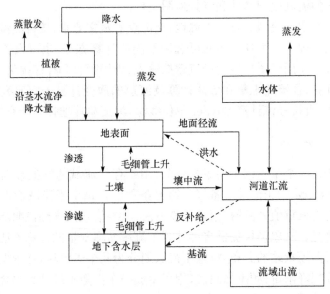

图 7-1　HEC-HMS 模型结构

7.2.1　产流计算

HEC-HMS 模型对产流过程进行简化,不考虑毛细管的上升作用和土壤水在含水层中的垂向运动。发生降雨后,产生的径流仅考虑入渗的影响,忽略蒸散发、截留等因素,由此产生的降水损失由入渗量来进行估算。

HEC-HMS 模型自身提供的产流计算方法有很多种,其中 Green & Ampt 损失法、盈亏常数法、SMA 模型法存在参数多且不易获取的问题,限制了它们的广泛应用。而 SCS 曲线法、初损后损法涉及的参数少,计算过程简单,所需资料可通过多种途径获得。本书选用常用的 SCS 曲线法来计算产流。

输入参数只有一个径流曲线无量纲参数 CN,此参数能反映降雨前流域下垫面的综合特征,与前期土壤湿度(AMC)、土壤和土地利用类型等因素有关,对径流模拟结果影响很大。降雨-径流存在以下基本关系:

$$\frac{F}{S} = \frac{R}{P - I_a} \tag{7.1}$$

式中,S 代表流域当时最大可能滞留量(mm);F 为后损(mm);I_a 为初损(mm);P 为降雨量(mm);R 为径流深(mm)。

根据水量平衡原理:

$$P = F + R + I_a \tag{7.2}$$

结合上面两式子,消去 F,累积的降雨超过初始降雨损失之前,不产流,有

$$\begin{cases} P_e = \dfrac{(P - I_a)^2}{(P - I_a) + S}, & P \geqslant I_a \\ R = 0, & P < I_a \end{cases} \tag{7.3}$$

式(7.3)即为 SCS 产流计算公式。初损 I_a 和 S,存在以下经验关系式:

$$I_a = 0.2S \tag{7.4}$$

把式(7.4)代入式(7.3)中可得 SCS 产流模型公式:

$$\begin{cases} P_e = \dfrac{(P - 0.2S)^2}{(P - 0.2S) + S}, & P \geqslant 0.2S \\ R = 0, & P < 0.2S \end{cases} \tag{7.5}$$

最大持水量 S 变化幅度很大,不易取值,通过引入无量纲参数 CN,建立 S 与 CN 关系如下:

$$S = \begin{cases} \dfrac{1000 - 10CN}{CN} \text{(英制)} \\ \dfrac{25400 - 254CN}{CN} \text{(国际制)} \end{cases} \tag{7.6}$$

7.2.2　直接径流计算

直接径流计算包括地面径流和壤中流两部分，属于坡面汇流过程。HEC-HMS模型提供了传统的单位线法和概念性运动波法两类直接径流的计算方法。本书选用常用的Snyder综合单位线(图7-2)来计算直接径流。

在标准情况下，洪峰流量U_p与单位线的滞后时间t_p存在以下关系：

$$\frac{U_p}{A} = C\frac{C_p}{t_p} \tag{7.7}$$

式中，t_p代表单位线滞后时间(h)；A为流域面积(km^2)；U_p代表标准单位线洪峰流量；C代表转换常数，在国际制单位下取2.75；C_p代表单位线洪峰系数。其中t_p可根据下式求得：

$$t_p = CC_t(LL_c)^{0.3} \tag{7.8}$$

式中，L_c代表流域形心至流域出口的距离长度；L代表最长汇流路径，即流域的主河道长度；C_t代表流域停滞系数，通常取1.8～2.2。

单位线滞后时间t_p根据流域坡度、最长汇流路径等参数来计算，其公式如下：

$$t_p = \frac{L^{0.8}(S+1)^{0.7}}{1900Y^{0.5}} \tag{7.9}$$

式中，L代表主河道长度($\text{ft}^{①}$)；Y代表流域坡度(%)；其中$S=(1000/\text{CN})-10$。洪安涧河子流域t_p计算结果见表7-1。

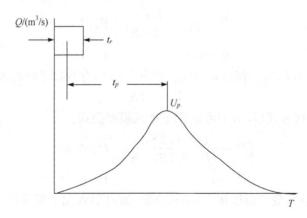

图7-2　Snyder单位线

---

① 1ft=3.048×10^{-1}m。

表 7-1　滞后时间 T_p 结果表

子流域编号	子流域平均坡度 Y/%	子流域平均 CN	S	子流域主河道长度 L/ft	t_p/h
W140	38.12	62.08	6.11	91222.27	3.13
W150	29.81	70.64	4.16	89152.54	2.77
W160	41.51	57.40	7.42	52210.71	2.16
W170	25.45	80.87	2.37	27940.38	0.88
W180	31.54	67.56	4.80	116394.80	3.62
W190	24.00	70.05	4.27	20829.54	0.98
W200	27.74	62.45	6.01	80076.30	3.27
W210	24.24	70.10	4.26	35485.81	1.49
W220	24.79	71.04	4.08	2091.90	0.15
W230	23.72	68.78	4.54	79296.24	2.98
W240	22.45	75.83	3.19	75160.58	2.41
W250	22.99	71.18	4.05	54117.78	2.09
W260	26.68	66.64	5.01	59306.99	2.35

7.2.3　河道汇流计算

马斯京根法主要是确定 K 和 X 两个参数,方法有很多,如蚁群算法[183]、遗传算法[184] 和混沌模拟退火法[185] 等,但这些智能算法不能用于无资料地区和分布式、半分布式水文模型中。该法洪水演算是从河段上断面过程推求下断面过程。本书选用水文学的线性马斯京根法进行河道演算。

水量平衡方程为

$$\frac{\Delta t}{2}(I_1 + I_2) - \frac{\Delta t}{2}(Q_1 + Q_2) = S_2 - S_1 \tag{7.10}$$

槽蓄曲线方程为

$$S = K[xI + (1-x)Q] \tag{7.11}$$

将式(7.10)、式(7.11)联立求解,可得马斯京根演算方程如下:

$$Q_2 = C_0 I_2 + C_1 I_1 + C_2 Q_1 \tag{7.12}$$

$$\begin{cases} C_0 = \dfrac{0.5\Delta t - Kx}{0.5\Delta t + K - Kx} \\[2mm] C_1 = \dfrac{0.5\Delta t + Kx}{0.5\Delta t + K - Kx} \\[2mm] C_2 = \dfrac{-0.5\Delta t + Kx - Kx}{0.5\Delta t + K - Kx} \end{cases} \tag{7.13}$$

$$C_0 + C_1 + C_2 = 1 \qquad\qquad (7.14)$$

式中，S 代表河段总蓄量（h·m³/s）；K 代表河段传播时间；Q_1、Q_2 代表时段起、止下断面出流量（m³/s）；S_1、S_2 代表始、末河段蓄水量（h·m³/s）；x 为流量比重因子；I_1、I_2 代表时段起、止上断面入流量（m³/s）。

7.3　参　数　优　选

为了使模拟值与实测值差值更小，在模拟过程中要对参数进行校准验证，校准后的参数才能用到模型中进行降雨-径流模拟。HEC-HMS 模型提供了参数优化模块[186]，优化过程如图 7-3 所示。

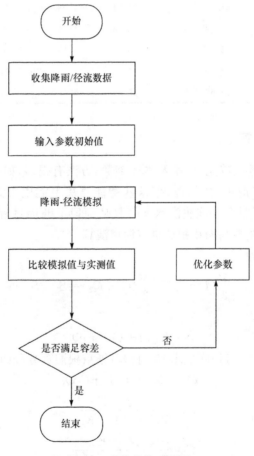

图 7-3　参数优化过程图

7.3.1　优化方法

寻优有单变量梯度搜索法和内尔德米德法两种算法,单变量梯度搜索法一次只能计算和调整一个参数,为得到模型最佳参数值,通常必须经过多次重复迭代和连续修正。内尔德米德法基于单纯形方法的原理,首先找到一个顶点,在这个顶点上的目标函数值是最小的。本书使用单变量梯度搜索法。

单变量梯度搜索法可对原始参数进行连续的修正,求得最佳参数值,使实测和模拟结果吻合得更好。令 x^k 代表第 k 次试算的参数估算值,相应目标函数为 $f(x^k)$,那么第 $k+1$ 次试算的值为 x^{k+1},则 x^{k+1} 可表示为

$$x^{k+1} = x^k + \Delta x^k \tag{7.15}$$

式中,Δx^k 为参数的改正量,该法的目标是通过选择 Δx^k 使其计算值逐渐接近目标函数值。一次改正一般不能达到最小值,因此方程须经过反复迭代。

单变量梯度搜索法是以牛顿法为基础,Δx^k 的计算步骤如下。

(1) 目标函数以泰勒级数近似表示为

$$f(x^{k+1}) = f(x^k) + \Delta x^k \frac{\mathrm{d}f(x^k)}{\mathrm{d}x} + \frac{(\Delta x^k)^2}{2} \frac{\mathrm{d}^2 f(x^k)}{\mathrm{d}x^2} \tag{7.16}$$

式中,$f(x^{k+1})$ 为 k 次循环计算时的目标函数,$\mathrm{d}f(x^k)/\mathrm{d}x$ 和 $\mathrm{d}^2 f(x^k)/\mathrm{d}x^2$ 分别为目标函数的一阶和二阶导数。

(2) 理论上选择 x^{k+1} 使 $f(x^{k+1})$ 最小,即 $f(x^{k+1})$ 的导数应等于 0。为此,对方程(7.16)关于 x 两边求导,并使之等于 0,同时省去高次项可得到

$$0 = \frac{\mathrm{d}f(x^k)}{\mathrm{d}x} + \Delta x^k \frac{\mathrm{d}^2 f(x^k)}{\mathrm{d}x^2} \tag{7.17}$$

则此可得

$$\Delta x^k = -\frac{\dfrac{\mathrm{d}f(x^k)}{\mathrm{d}x}}{\dfrac{\mathrm{d}^2 f(x^k)}{\mathrm{d}x^2}} \tag{7.18}$$

HEC-HMS 用近似解的方法计算目标函数的一阶和二阶导数,计算如下。

(1) 定义与 x^k 相邻的两个替代参数 x_1^k 和 x_2^k,设 $x_1^k = 0.99 x^k$ 和 $x_2^k = 0.98 x^k$,计算每一个参数的目标函数。

(2) 计算 3 个参数之间的差值,得 $\Delta_1 = f(x_1^k) - f(x^k)$,$\Delta_2 = f(x_2^k) - f(x_1^k)$。

(3) 目标函数的一阶导数近似为 Δ_1,二阶导数近似为 $\Delta_2 - \Delta_1$。将近似值代入式(7.19)即可得到牛顿法的修正值 Δx^k。

HEC 研究人员结合校验经验对改正值进行了修正,修正公式为

$$\Delta x^k = 0.01 C x^k \qquad (7.19)$$

式中,参数 C 的取值见表 7-2。

HEC-HMS 对每一个 x^{k+1} 进行检测,看检验结果是否满足 $f(x^{k+1}) < f(x^k)$ 的条件,若不满足,则令 $x^{k+2} = 0.7 x^k + 0.3 x^{k+1}$ 若满足 $f(x^{k+2}) > f(x^k)$ 的条件,则搜寻结束,并认定已不需要修改。

表 7-2　单变量梯度搜索法改正系数

$\Delta_2 - \Delta_1$	Δ_1	C
>0	—	$\Delta_1/\Delta_2 - 0.5$
<0	>0	50
	$\leqslant 0$	-33
$=0$	>0	50
	$=0$	0
	<0	-33

7.3.2　优化目标函数

模型提供了平方残差和、峰值加权均方根误差、时间加权函数、峰值百分比误差、绝对残差和、水量百分比误差、均方差对数误差等七种优化目标函数。本书选用应用较多的峰值加权均方根误差目标函数,公式如下:

$$Z = \left\{ \frac{1}{n} \left[\sum_{i=1}^{n} (Q_0(i) - Q_s(i))^2 \frac{Q_0(i) + \bar{Q}_0}{2\bar{Q}_0} \right] \right\}^{0.5} \qquad (7.20)$$

式中,n 为时段数;$Q_0(i)$ 代表时刻实测流量;$\bar{Q}_0$ 代表实测流量平均值;$Q_s(i)$ 代表 i 时刻模拟流量。

7.4　洪水预报误差和精度等级评价

根据《水文情报预报规范》[177],洪水预报误差可由确定性系数 DC、峰现时间误差 ΔT、洪峰流量误差 RE_p 和径流深误差 RE_v 等指标来表示,计算公式为

$$DC = 1 - \frac{\sum_{i=1}^{n} [y_c(i) - y_0(i)]^2}{\sum_{i=1}^{n} [y_0(i) - \bar{y}_0]^2} \qquad (7.21)$$

式中,$y_0(i)$ 和 $y_c(i)$ 分别代表实测流量和模拟流量;n 代表资料序列长度;$\bar{y}_0$ 代表

实测径流量均值。

$$RE_P = \frac{y_c(i) - y_0(i)}{y_0(i)} \tag{7.22}$$

$$RE_v = \frac{V_p - V_o}{V_o} \tag{7.23}$$

$$\Delta T = T_p - T_o \tag{7.24}$$

式中,V_p 为模拟径流深;V_o 为实测径流深;T_p 为模拟峰现时间;T_o 为实测峰现时间。

《水文情报预报规范》中规定,径流总深误差和洪峰流量预报相对误差都不能超过实测值的 20%。峰现时间误差以 ±3h 作为许可误差。洪水预报的合格率计算公式为

$$QR = \frac{n}{m} \times 100\% \tag{7.25}$$

式中,n 代表合格预报的次数;QR 为合格率(%);m 代表总预报次数。

《水文情报预报规范》中把洪水预报精度分为甲、乙、丙三个等级,见表 7-3。

表 7-3　洪水预报精度等级评价[177]

精度等级	甲	乙	丙
合格率/%	QR≥85.0	85.0>QR≥70.0	70.0>QR≥60.0
确定性系数	DC>0.90	0.90>DC≥0.70	0.70>DC≥0.50

7.5　模型的率定与验证

7.5.1　场次洪水的选择

本章收集了 7 个雨量站 1972~1990 年的降雨资料和洪安涧水文站 1972~1990 年的流量资料,其中缺失 1979、1980 和 1984 年场次洪水资料。资料是经过插值处理的,因此要对实测数据进行分析,剔除缺失严重和代表性差的场次洪水,最终选择 7 场洪水作为率定期,3 场作为验证期洪水进行次洪率定模拟。具体场次信息见表 7-4。

表7-4　场次洪水信息表

项目	洪号	降雨/mm	径流总深/mm	洪峰流量/(m³/s)
率定期	19720707	59.526	20.79	157
	19740731	18.827	4.45	452
	19750831	25.572	2.31	189
	19770828	34.696	8.36	389
	19820802	103.321	20.79	465
	19820809	13.648	1.86	204
	19830804	32.148	3.14	184
验证期	19870710	29.314	2.08	192
	19870810	23.353	1.47	160
	19890723	141.340	10.26	234

7.5.2　模型参数率定

SCS-CN 法涉及初期损失量、曲线数(CN)和不透水面积三个参数。需要输入的参数为 CN，和土壤前期湿度、土壤和土地利用等有关。根据流域内前五天的降水量将前期土壤含水量分为干旱(AMCI)、一般(AMCII)和湿润(AMCIII)三个等级。

在运用 Sydner 单位线法计算汇流时，需优化流域滞时 T_p、峰值系数 C_p 两个参数。在调参过程中，发现这两个参数主要控制洪峰出现时间及洪峰值大小，当滞时增大，洪峰减小，会产生"坦化"作用；当峰值系数增大，峰现时间提前，会产生"平移"作用。

流域滞时根据每个子流域的平均坡度、最长汇流路径等因素来定初始值，通常情况下，C_p 在 0～1 取值。

河道演算须优化槽蓄曲线坡度 K、比重因子 X。率定过程中发现，K 对峰现时间提前和滞后影响较大，是因为 K 和洪水在河道中传播的时间有关，若 K 大，则演算时间长，会出现峰现滞后。X 对洪水过程线的形状和峰值有一定影响，当 X 大，导致河道的汇流量减小，峰值小。

本研究优化方法选用单变量梯度搜索法，目标函数选用峰值加权均方根误差函数来进行参数优化，HEC-HMS 模型各子流域产汇流参数初始值和河道演进参数优化后结果分别见表7-5和表7-6。

表 7-5　子流域优化后产、汇流参数表

子流域编号	初损 I_a/mm	CN	滞后时间 T_p/h	C_p
W140	31.04	62.08	2.823	0.58
W150	21.11	70.64	2.972	0.75
W160	37.70	57.40	2.290	0.71
W170	12.02	80.87	1.813	0.69
W180	24.39	67.56	3.660	0.69
W190	21.72	70.05	2.058	0.70
W200	30.55	62.45	2.902	0.75
W210	21.66	70.10	1.330	0.74
W220	20.71	71.04	1.291	0.74
W230	23.06	68.78	3.493	0.32
W240	16.19	75.83	1.669	0.74
W250	20.57	71.18	1.390	0.75
W260	25.43	66.64	1.947	0.74

表 7-6　各子流域河道汇流参数优化结果表

河段编号	R30	R50	R70	R80	R90	R110
槽蓄曲线坡度 K	0.12	0.25	0.14	0.12	0.12	0.12
流量比重因子	0.26	0.28	0.28	0.42	0.20	0.30

7.5.3　模拟结果

本书选择了 1972～1990 年率定期 7 场洪水及 3 场验证期洪水进行次洪模拟，并根据《水文情报预报相关规定》，通过 DC、RE_v、ΔT、RE_p 四个指标，对模型的模拟精度进行综合评定。

1. 率定期模拟结果

选定的 7 场率定期次洪模拟结果见表 7-7、图 7-4～图 7-10。

表 7-7　HEC-HMS 模型 7 场率定期模拟结果

项目	洪水编号	模拟洪峰流量/(m³/s)	实测洪峰流量/(m³/s)	峰现流量误差/(m³/s)	模拟径流深/mm	实测径流深/mm	径流深相对误差/%	峰现时间误差/h	确定性系数	是否合格
	19720707	165	157	0.05	22.46	20.79	0.08	−1	0.63	是
	19740731	397	452	−0.12	5.12	4.45	0.15	0	0.89	是
率	19750831	164	189	−0.13	2.16	2.31	−0.06	0	0.76	是
定	19770828	328	389	−0.16	9.38	8.36	0.12	3	0.3	否
期	19820802	436	465	−0.06	22.46	20.79	0.08	1	0.84	是
	19820809	220	204	0.08	2.24	1.86	0.08	0	0.77	是
	19830804	201	184	0.09	3.66	3.14	0.17	1	0.82	是

注:表中峰现时间误差负值表示时间提前,正值表示时间滞后。

从表 7-7 的模拟结果可知,选定的 7 场洪水中,四个指标均合格的有 6 场,不合格的 1 场,合格率 85.7%,达到了甲等精度。7 场洪水的平均确定性系数 0.72,达到乙等精度。

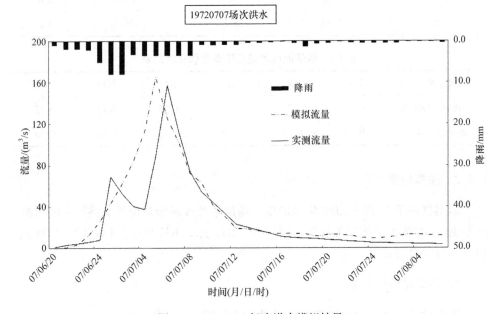

图 7-4　19720707 场次洪水模拟结果

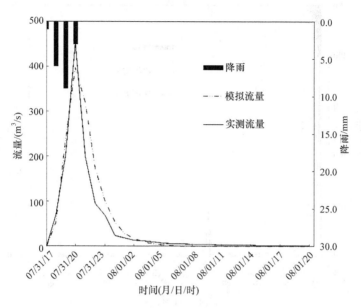

图 7-5　19740731 场次洪水模拟结果

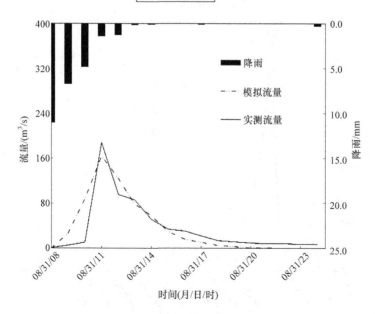

图 7-6　19750831 场次洪水模拟结果

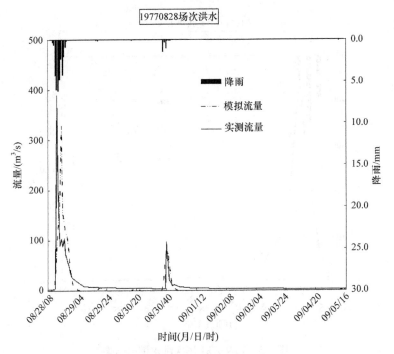

图 7-7　19770828 场次洪水模拟结果

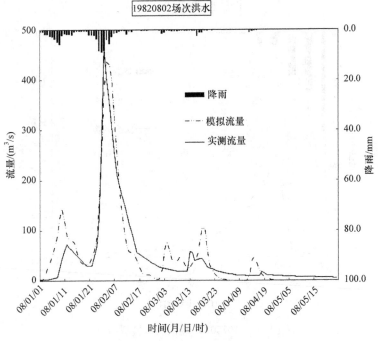

图 7-8　19820802 场次洪水模拟结果

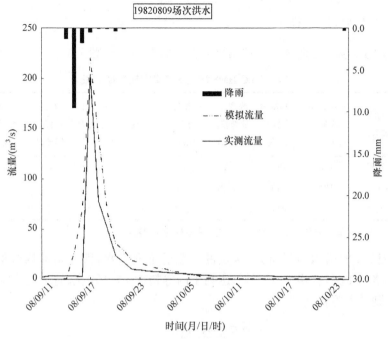

图 7-9　19820809 场次洪水模拟结果

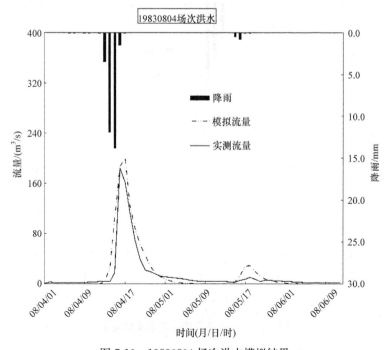

图 7-10　19830804 场次洪水模拟结果

2. 验证期模拟结果

选定的 3 场率定期次洪模拟结果见表 7-8、图 7-11～图 7-13。

表 7-8　　HEC-HMS 模型 3 场率定期模拟结果

项目	洪水编号	模拟洪峰流量/(m³/s)	实测洪峰流量/(m³/s)	峰现流量误差/(m³/s)	模拟径流深/mm	实测径流深/mm	径流深相对误差/%	峰现时间误差/h	确定性系数	是否合格
验	19870710	155	192	−0.19	2.48	2.08	0.19	0	0.82	是
证	19870810	131	160	−0.18	1.75	1.47	0.19	0	0.68	是
期	19890723	289	234	0.23	12.74	10.26	0.24	1	0.42	否

注:表中峰现时间误差负值表示时间提前,正值表示峰现时间滞后。

从表 7-8 的模拟结果可知,选定的 3 场验证期洪水,四个指标均合格的有 2 场,不合格的 1 场,合格率 66.7%,达到了丙等精度。3 场洪水的平均确定性系数 0.64,达到了丙等精度。

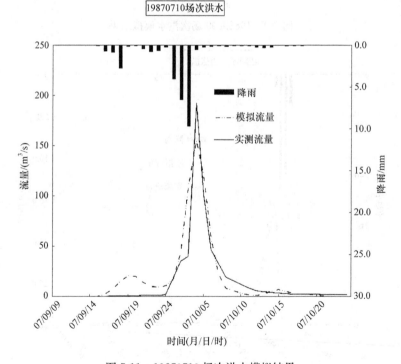

图 7-11　19870710 场次洪水模拟结果

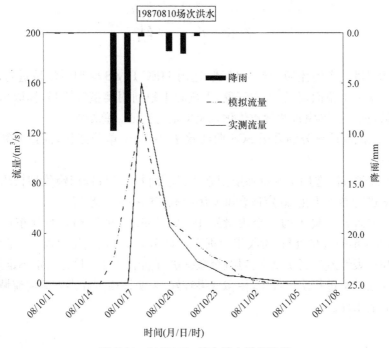

图 7-12　19870810 场次洪水模拟结果

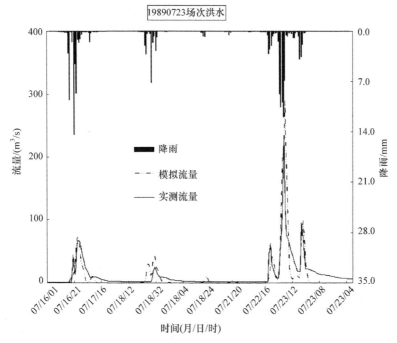

图 7-13　19890723 场次洪水模拟结果

7.6　小　　结

本章以洪安涧河流域为研究区域,选用 HEC-HMS 模型对流域进行降雨-径流模拟。根据下垫面情况、水文气象、土壤和土地利用类型等资料,提取出模型需要的参数,进行次洪模拟和参数优化以及率定与验证。总结如下:

(1) 产汇流计算分别采用 SCS 曲线数法、Snyder 单位线法,河道演算采用马斯京根法。

(2) 优化方法选用单变量梯度搜索法,优化目标函数选用峰值加权均方根误差函数来进行参数优化,确定适合洪安涧河流域的模型参数值。

(3) 本研究收集了的 7 个雨量站 1972~1990 年的降雨资料和东庄水文站 1972~1990 年的流量资料,所收集数据存在部分缺失,在应用时需要剔除数据缺失严重和代表性差的场次洪水,对剩余数据进行插值处理。最终选定率定期 7 场、验证期 3 场洪水进行次洪模拟,模拟效果较好,表明该模型在洪安涧河流域地区具有良好的适用性。

第 8 章 基于 TOPMODEL 模型的洪水预报

依据水流运动空间变化的能力，流域水文模型又分为集总式模型（lumped model）、半分布式模型（semi-distributed model）和全分布式模型（fully distributed model）。半分布式模型介于集总式模型和全分布式模型之间，TOPMODEL 水文模型就是半分布式水文模型的典型代表。本章以洪安涧河流域为例，对洪安涧河流域的 DEM 进行填洼处理，提取出水流方向、流量和坡度等参数信息。利用 GIS 的栅格计算器工具可求得流域的地形指数，利用水流长度工具并结合河网汇流速度可求得整个流域的等流时线。根据 7 个雨量站点信息并用泰森多边形法将整个流域分为 7 块，可求得每块的面积和权重，最终求得流域的面雨量。

8.1 TOPMODEL 模型原理及结构

TOPMODEL 模型是一个以地形为基础条件的半分布式模型，作为概念性模型的演进和升华，自提出以来就被广泛应用，其主要原理是用每个单元栅格的地形指数去反映水文过程。TOPMODEL 模型将土壤分为三层，最上层为根系层、中间层为非饱和带、最下层为饱和带，发生降雨要先满足截留，然后经过下渗会对根系层进行补偿，蒸散发只发生在该根系层中，达到饱和后多余水分才会进入非饱和带，并通过垂直排水的作用对饱和带进行补充，流域内侧向水分运动使地下水位逐渐升高至地表面形成饱和坡面流。单元格水分运动示意图如图 8-1 所示，源面积示意图如图 8-2 所示。

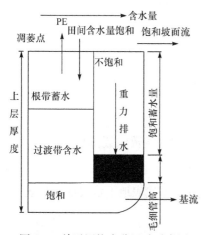

图 8-1 单元网格水分运动示意图

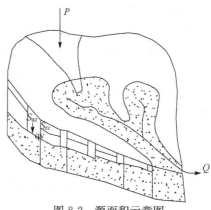

图 8-2 源面积示意图

8.1.1　蒸发计算

流域内任一 i 点处,植被根系区的蒸发量 $E_{a,i}$ 的计算公式为

$$E_{a,i} = E_p \left(1 - \frac{S_{rz,i}}{S_{rmax,i}} \right) \tag{8.1}$$

式中, $S_{rmax,i}$ 为根系区最大蓄水容量; E_p 为蒸发能力; $S_{rz,i}$ 为 i 处植被根系区含水量。

8.1.2　产流计算

1. 土壤非饱和区水分运动

非饱和带的水分以一定的速率 v 进入饱和地下水带,则下渗率 $q_{v,i}$ 计算公式为

$$q_{v,i} = \frac{S_{uz,i}}{D_i T_d} \tag{8.2}$$

式中, D_i 为非饱和区土壤满足重力排水的含水量; T_d 为时间参数; $S_{uz,i}$ 为 i 点处非饱和带土壤的含水量。

整个流域的下渗率 Q_v 计算如下:

$$Q_v = \sum_i q_{v,i} \cdot A_i \tag{8.3}$$

式中, A_i 代表地形指数值相同的各处(位置不同)面积之和。

2. 饱和源面积的坡面流计算

对于饱和源面积上的坡面汇流,TOPMODEL 模型采用了下面三个假定:

假定 1　饱和地下水的水力坡度近似认为和地表局部坡度 $\tan\beta_i$ 相等。通常情况,地下水运动应该符合达西定律,则壤中流速 q_i 表示为

$$q_i = T_i \tan\beta_i \tag{8.4}$$

式中, T_i 代表 i 点处的导水率。

假定 2　饱和地下水壤中流处于稳定状态。

任何区域壤中速率 q_i 和上游来水量相等,即

$$q_i = Ra_i \tag{8.5}$$

式中, a_i 代表单宽集水面积; R 代表产流速率。

假定 3　导水率 T_0 为饱和地下水水面深度的负指数函数,则

$$T_i = T_0 e^{-\frac{z_i}{S_{zm}}} \tag{8.6}$$

式中, S_{zm} 代表最大蓄水深度; T_0 代表饱和导水率; Z_i 代表地下水表面距地表深度。

联合式(8.4)、式(8.5)、式(8.6)可解出:

$$Ra_i = T_0 \tan\beta_i e^{-\frac{z_i}{S_{zm}}} \tag{8.7}$$

由式(8.7)可得

$$Z_i = -S_{zm} \ln\left(\frac{R_{a,i}}{T_0 \tan\beta_i}\right) \tag{8.8}$$

在贡献区域面积上对式(8.8)进行积分,可得平均地表水面深度 $\bar{Z}$。

$$\bar{Z} = \frac{1}{A}\int_A Z_i \mathrm{d}A = \frac{S_{zm}}{A}\int_A\left[-\ln\left(\frac{a_i}{T_0 \tan\beta_i}\right) - \ln R\right]\mathrm{d}A \tag{8.9}$$

式中,A 为流域总面积。

将式(8.7)代入式(8.9)可得

$$Z_i = \bar{Z} - S_{zm}\left[\ln\left(\frac{a_i}{T_0 \tan\beta_i}\right) - \frac{1}{A}\int_A \ln\left(\frac{a_i}{T_0 \tan\beta_i}\right)\mathrm{d}A\right] \tag{8.10}$$

化简整理可得

$$Z_i = \bar{Z} - S_{zm}\left[\ln\left(\frac{a_i}{T_0 \tan\beta_i}\right) - \lambda\right] \tag{8.11}$$

假设导水率 T_0 在整个流域均匀分布,消掉 T_0 可得

$$Z_i = \bar{Z} - S_{zm}\left[\ln\left(\frac{a_i}{T_0 \tan\beta_i}\right) - \lambda\right] \tag{8.12}$$

式中,λ 为流域地形指数值,$\lambda = \left[\frac{1}{A}\int_A \ln\left(\frac{a_i}{T_0 \tan\beta_i}\right)\mathrm{d}A\right]$。

流域内地形指数 $\ln(a_i/\tan\beta_i)$ 值相等的点,水文响应也是相同的,在计算饱和坡面流时之前,要先计算地形指数 $\ln(a_i/\tan\beta_i)$ 分布曲线。

若求得 Z_i 为负值,则产生饱和坡面流,计算公式为

$$Q_S = \frac{1}{\Delta t}\sum_i \max\{[S_{uz,i} - \max(D_i, 0)], 0\}A_i \tag{8.13}$$

式中,A_i 为第 i 类地形指数所占流域面积;Δt 为时间步长;Q_s 为饱和坡面流流量。

3. 饱和壤中流计算

计算公式为

$$Q_b = AT_0 \mathrm{e}^{(-\lambda)}\mathrm{e}^{\left(-\frac{\bar{Z}}{S_{zm}}\right)} = Q_0 \mathrm{e}^{\left(-\frac{\bar{Z}}{S_{zm}}\right)} \tag{8.14}$$

式中,$Q_0 = AT_0 \mathrm{e}^{(-\lambda)}$;$Q_b$ 为壤中流的流量。

4. 饱和地下水水面深度计算

计算公式为

$$\bar{Z}^{t+1} = \bar{Z}^t - \frac{Q_v^t - Q_b^t}{A}\Delta t \tag{8.15}$$

式中,A 为流域面积;t 为时间。

初始时刻的流域饱和地下水水深均值 $\bar{Z}^1$ 计算如下:

$$\overline{Z}^1 = -S_{zm} \cdot \ln\left(\frac{Q_b^1}{Q_0}\right) \tag{8.16}$$

将饱和坡面流和壤中流相加求和即可得流域的产流总量

$$Q^t = Q_s^t + Q_b^t \tag{8.17}$$

8.1.3 汇流计算

1. 坡面汇流计算

首先求出流域内任意一点 i 到流域出口的时间,计算公式为

$$T = \sum_{i=1}^{N} \frac{x_i}{v \tan\beta_i} \tag{8.18}$$

式中,$\tan\beta_i$ 为第 i 段汇流路径的坡度;N 为水流路径总段数;v 为水流速度;x_i 为第 i 段汇流长度。

本研究中,若已知水流长度,且假定坡面汇流速度 CH_v 是一样的,采用等流时线法,则可求得坡面汇流时间为

$$t_i = \frac{L_i}{CH_v} \tag{8.19}$$

式中,L_i 为 i 点处坡面汇流水流长度;t_i 为 i 点处坡面汇流时间。

2. 河网汇流计算

和坡面汇流类似,假定河网汇流速度 R_v 是一样的,则河道的汇流时间为

$$t_i = \frac{L_i}{R_v} \tag{8.20}$$

同样的,t_i 为 i 点处河网汇流时间;L_i 为 i 点处河网汇流水流长度。

8.1.4 模型参数

TOPMODEL 参数有 7 个,其基本物理意义见表 8-1。

表 8-1 TOPMODEL 模型参数表

参数	物理意义	经验取值范围
S_{rmax}	植被根系区最大蓄水能力/m	$0 \sim 0.3$
T_d	重力排水的时间滞时参数/(h/m)	$0 \sim 120$
S_{zm}	单元流域非饱和区最大蓄水深度/m	$0 \sim 1$
T_0	土壤刚达到饱和时的有效下渗率/(m²/h)	$-25 \sim 400$
S_{r0}	植被根区初始含水量/m	$0 \sim 0.3$
CH_v	地表坡面汇流有效速度/(m/h)	$100 \sim 10000$
R_v	地表河网有效汇流速度/(m/h)	$100 \sim 20000$

8.2　模 型 构 建

在构建模型过程中,计算地形指数是重中之重。首先,需要对 DEM 进行处理,求出每个网格的地形指数值,并计算出地形指数对应网格的面积分布函数。其次,在计算过程中,要对已分类的地形指数的网格进行产流和汇流计算。最后,根据流域中每类地形指数所占的面积百分比,可求出流域每类地形指数所有网格的产流量,将产流量进行累加可得单元流域的产流量。汇流计算采用等流时线法,可求得流域出口处的流量。模型计算流程如图 8-3 所示。

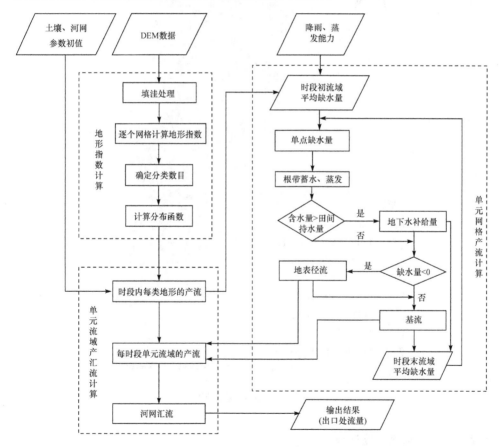

图 8-3　TOPMODEL 计算流程图

8.2.1　流域地形指数计算

研究区域洪安涧河流域面积 $983km^2$,基于 DEM 和 GIS 平台,先对流域 DEM

进行填洼,然后用 D8 单向法确定水流方向,其次进行水流累积量的计算及流域坡度的计算,最终计算地形指数。地形指数计算公式为 $\ln[a/\tan(\beta \cdot \pi/180)]$,需要运用栅格计算器求出栅格的单宽集水面积 a 和栅格的坡度 β,即可求出栅格地形指数。洪安涧河流域的坡度分布见图 8-4,地形指数分布见图 8-5,洪安涧河流域地形指数面积所占比例曲线见图 8-6,地形指数面积累积曲线见图 8-7。

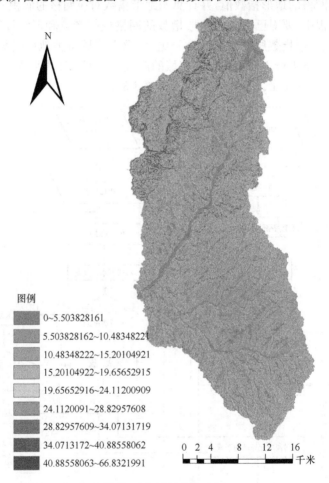

图 8-4　流域坡度分布图

8.2.2　流域水流长度计算

水流长度指地面上一点沿水流方向到其流向起点(或终点)间的最大地面距离在水平面上的投影长度。GIS 中水流长度计算分为顺流方向和逆流方向两种。顺流方向指计算地面上每一点沿水流方向到该点所在流域出水口的水平投影距离。逆流方向水流长度计算与顺流计算正好相反。本书以顺流方向进行水流长度的计

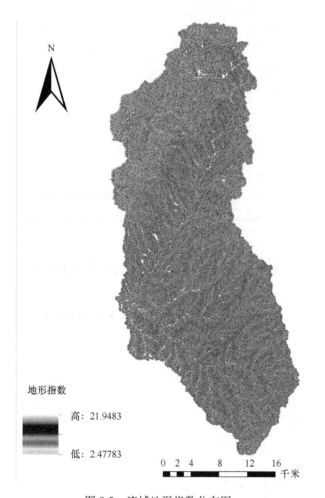

图 8-5　流域地形指数分布图

算。运用 GIS 中的水文分析水流长度工具,输入栅格为水流方向,根据流向判定计算水流长度,洪安涧河流域顺流计算水流长度图见图 8-8。其对应水流长度所占面积比例见图 8-9。

8.2.3　水文数据

雨量站和水文站的资料同样采用 1972～1990 年的降雨和径流资料。本次只收集到 1980～1990 年的日蒸发资料,将其平均到 24 小时即可得每小时的蒸发资料,而 1972～1979 年的蒸发数据采用 1980～1990 的 1 小时的平均蒸发数据。采用泰森多边形法求得 7 个雨量站的权重,根据权重和点雨量求得整个流域的面雨量。雨量站所占流域面积和权重值见表 8-2,泰森多边形法划分结果见图 8-10。

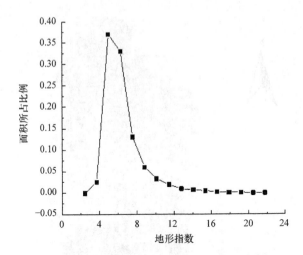

图 8-6　洪安涧河流域地形指数面积所占比例曲线

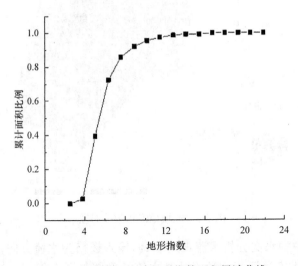

图 8-7　洪安涧河流域地形指数面积累计曲线

表 8-2　雨量站面积和权重表

雨量站名	北平	凌云	金堆	多沟	下冶	永乐	高城
面积/km²	80.9	138.3	71.8	105	198.6	188.3	200.4
权重	0.082	0.141	0.073	0.107	0.202	0.191	0.204

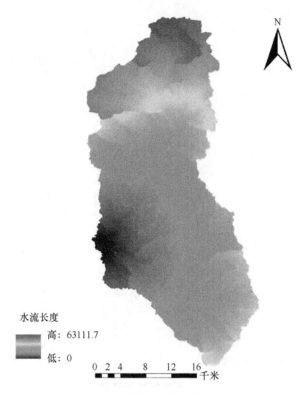

图 8-8　洪安涧河流域顺水流长度图

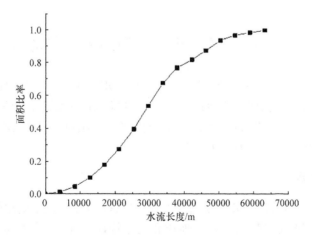

图 8-9　洪安涧河流域水流长度面积比例累积曲线

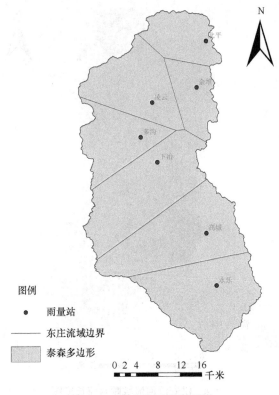

图 8-10　泰森多边形划分图

8.3　TOPMODEL 模型的率定与验证

我们选择第 7 章相同的场次洪水应用在 TOPMODEL 模型中进行降雨径流模拟。洪水预报误差仍然用确定性系数、峰现时间、洪峰流量和径流深 4 个指标来表示,对模型模拟精度进行综合评价,通过洪水预报精度等级评价表 7-3,来判定合格率和确定性系数分别属于哪个等级。

8.3.1　参数率定

很多学者对 TOPMODEL 模型的参数取值、模型改进及不确定性作了相关研究。而对于不同流域,若气候、水文地质和地形特征不同,会导致参数取值和跨度范围差异很大,本书在前人基础上,参考经验取值范围,采用人工试错法进行反复率定,最终确定的参数值见表 8-3。

表 8-3　参数率定结果表

产、汇流参数	S_{rmax}	T_d	S_{zm}	T_0	S_{r0}	CH_v	R_v
参数值	0.001	1	0.5	0.001	0.1	8000	12000

8.3.2　模拟结果

TOPMODEL 模型模拟结果分为率定期 7 场和验证期 3 场两部分。

1. 率定期模拟结果

7 场率定期次洪模拟的结果见表 8-4、图 8-11～图 8-17。

表 8-4　TOPMODEL 模型 7 场率定期模拟结果

项目	洪水编号	模拟洪峰流量/(m³/s)	实测洪峰流量/(m³/s)	峰现流量误差/(m³/s)	模拟径流深/mm	实测径流深/mm	径流深相对误差/%	峰现时间误差/h	确定性系数	是否合格
	19720707	142	157	−0.10	23.54	20.79	0.13	−1	0.64	是
	19740731	382	452	−0.15	5.2	4.45	0.17	0	0.89	是
率	19750831	174	189	−0.08	2.09	2.31	−0.10	1	0.65	是
定	19770828	315	389	−0.19	9.78	8.36	−0.08	3	0.16	否
期	19820802	398	465	−0.14	22.23	20.79	−0.16	1	0.79	是
	19820809	182	204	−0.11	2.04	1.86	−0.12	0	0.85	是
	19830804	177	184	−0.04	2.59	3.14	−0.18	1	0.9	是

注:表中峰现时间误差正值表示滞后,负值表示提前。

从表 8-4 的模拟结果可知,选定的 7 场洪水中,四个指标均合格的有 6 场,不合格的 1 场,合格率 85.7%,达到甲等精度。7 场洪水的平均确定性系数 0.70,达到乙等精度。

2. 验证期模拟结果

选定的 3 场率定期次洪模拟结果见表 8-5、图 8-18～图 8-20。

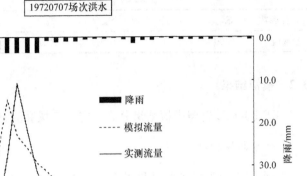

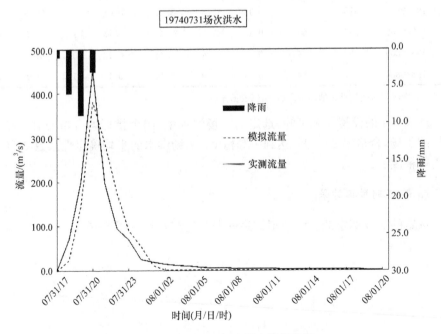

图 8-11   19720707 场次洪水模拟结果

图 8-12   19740731 场次洪水模拟结果

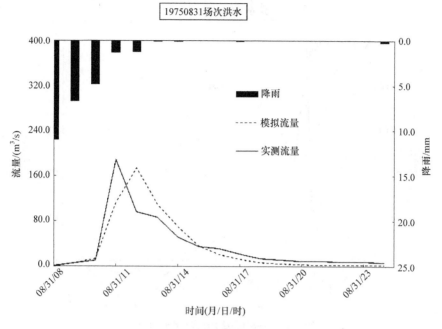

图 8-13　19750831 场次洪水模拟结果

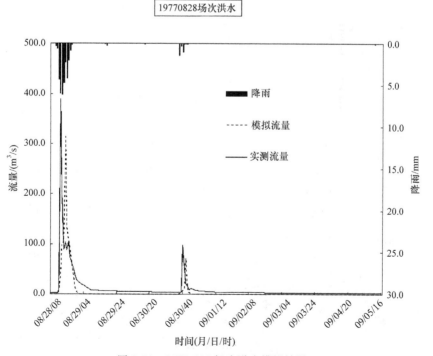

图 8-14　19770828 场次洪水模拟结果

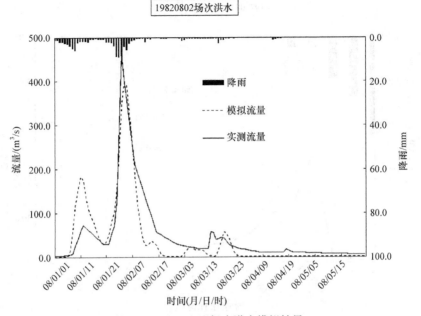

图 8-15　19820802 场次洪水模拟结果

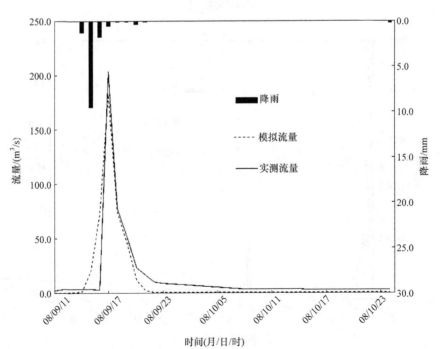

图 8-16　19820809 场次洪水模拟结果

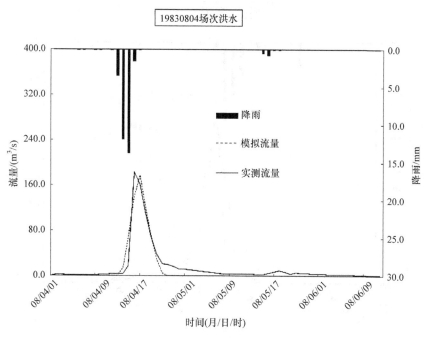

图 8-17　19830804 场次洪水模拟结果

表 8-5　TOPMODEL 模型 3 场率定期模拟结果

项目	洪水编号	模拟洪峰流量/(m³/s)	实测洪峰流量/(m³/s)	峰现流量误差/(m³/s)	模拟径流深/mm	实测径流深/mm	径流深相对误差/%	峰现时间误差/h	确定性系数	是否合格
验	19870710	176	192	−0.08	2.47	2.08	0.19	0	0.83	是
证	19870810	135	160	−0.16	1.68	1.47	0.14	0	0.82	是
期	19890723	275	234	0.18	13.28	10.26	0.29	2	0.15	否

注:表中峰现时间误差正值表示滞后,负值表示提前。

从表 8-5 的模拟结果可知,选定的 3 场验证期洪水,四个指标均合格的有 2 场,不合格的 1 场,合格率 66.7%,达到丙等精度。3 场洪水的平均确定性系数 0.60,达到丙等精度。

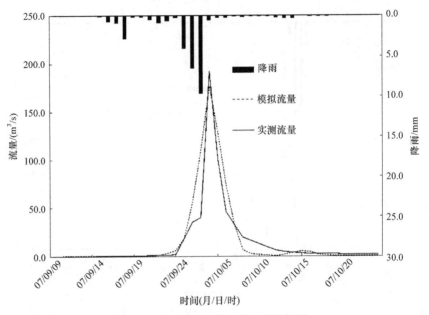

图 8-18　19870710 场次洪水模拟结果

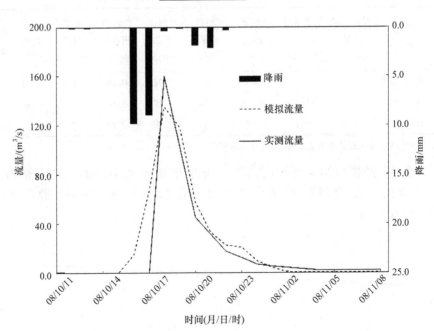

图 8-19　19870810 场次洪水模拟结果

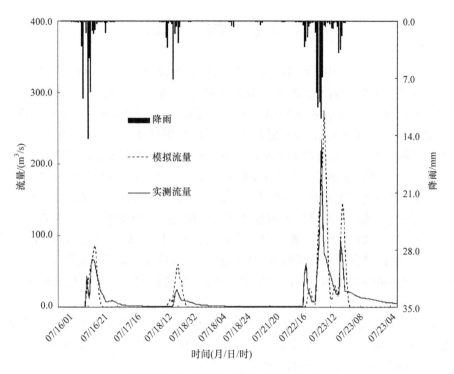

图 8-20　19890723 场次洪水模拟结果

8.4　小　　结

　　本章阐述了 TOPMODEL 的原理、基本结构方程和产、汇流基本理论;根据 DEM 数据提取流域地形指数、水流长度等参数,结合水文数据,构建洪安涧河流域数字信息。确定适合模型的参数值,同样选取 7 场率定期洪水和 3 场验证期洪水进行次洪模拟,率定期平均确定性系数达到乙等,验证期为丙等,符合精度要求,表明 TOPMODEL 模型适用于研究区域。

第 9 章 结 语

自 20 世纪以来,中国大兴水利,中国水库的建设取得了令人瞩目的成就,而水库的调控和兴利调节离不开准确有效的中长期径流预报。随着 RS、GIS、GPS 等科学技术的发展,分布式水文模型作为研究手段,有了新的技术保障和更高的平台。如何利用新的理论和技术,更有效地与气象、遥感等学科融合,对提高水文预报的预报精度及延长预报的有效期具有重要意义。本书以洪安涧河流域为研究对象,从水文与气象、遥感的融合入手,基于新安江、SWAT、HEC-HMS、TOPMODEL 等水文模型的数据库建立、模型单元划分、产汇流理论,进行考虑人类影响、气候环境变化、土地利用类型等多因素条件下的径流响应机制的研究。同时,深入对水文模型中的参数敏感性及参数率定等问题,研究 RAS、GLUE、扰动分析法、LH-OAT 等方法在参数率定分析过程中的实用性。最后以径流深相对误差、洪峰相对误差、确定性系数等指标对径流结果进行验证,研究取得了一些有价值的成果,主要体现在以下几个方面。

(1) 考虑人类活动影响的新安江模型在水文预报中的应用,研究中为提高模拟精度,在 HEC-HMS 子流域划分的启发下,同时考虑地形地理情况及流域降雨量的分布情况对研究区计算单元进行重新划分。这种单元划分方法不仅考虑了东庄流域降雨分布不均,而且综合考虑了地形情况,使单元划分更为合理。

运用 SCE-UA 优选方法,对考虑人类活动的新安江模型进行参数自动优选,得到最优参数。该方法运用于模型参数率定中,避免了参数率定耗时耗力的劣势,同时提高了模拟的精度,是对东庄小流域模型求解过程的重大改进。

(2) 应用 HEC-HMS 模型进行水文预报时,涉及流域模块、气象模块、控制运行模块和时间序列模块。模型对原始 DEM 进行预处理,提取流域的河网和子流域提取子流域坡度和最长汇流路径等流域地形和河流特征参数,根据雨量站点信息和子流域,用泰森多边形雨量权重法求得每个子流域所占的雨量站的面积,用每个雨量站的面积与子流域面积的比值即为权重,进而求得子流域的面平均雨量。结合土壤和土地利用数据求得各子流域 CN 值,建立流域数据库,并用于径流预报中。

(3) TOPMODEL 模型基于 GIS 平台,对流域的 DEM 进行填洼处理,提取出水流方向、流量和坡度等参数信息。利用 GIS 的栅格计算器工具求得流域的地形指数,利用水流长度工具并结合河网汇流速度可求得整个流域的等流时线。根据雨量站点信息并用泰森多边形法将整个流域划分,并求得每块的面积和权重,最终求得流域的面雨量。研究中发现,以洪峰流量误差为判断指标 TOPMODEL 模型要优于 HEC-HMS 模型;以确定性系数为判断指标,HEC-HMS 模型要优于 TOPMODEL 模型。

(4) 利用降水量、光照时数、日最高气温和最低气温等气象数据,建立 SWAT 模型气象数据库。利用 SWAT 模型进行径流模拟,先进行月时间尺度上对流域径流的初步模拟。在径流模拟的基础上,进行参数的敏感性分析,为下一步的参数率定作准备。采用 SWAT 模型中的 LH-OAT 灵敏度分析法进行抽样组合和多元回归分析,确定了对模型影响显著的 8 个参数,分别为:SCS 径流曲线数值(CN2)、土壤蒸发补偿系数(ESCO)、土壤最大根系深度(sol_z)、饱和水力传导系数(sol_k)、土壤可利用水量(SOL_AWC)、浅层地下水径流系数(GWQMN)、地下水再蒸发系数(GW_REVAP)、基流消退系数(ALPHA_BF)等。

(5) 采用 TS 评分和 BS 评分对欧洲中期天气预报中心(ECMWF)集合降雨产品成员的集合平均和控制预报结果进行检验。结果表明,ECMWF 集合降雨产品预报的评分随着降雨等级(无雨、小雨、中雨、大雨和暴雨)依次降低;随着预见期的增加依次降低;对文中所述流域,集合预报的平均值评分优于控制预报评分。

利用 ECMWF 发布的降雨几何预报数据进行径流几何预报,在集合预报结果中,总体预报效果较好,但也不排除极个别存在较大预报误差的现象。使用降雨产品集合预报可以较好地模拟径流预报的不确定性。若缩短预见期,降雨集合预报信息的预报精度会有所提高。

径流中长期预报、水文模型参数优选及人类活动、土地利用类型变化、气候变化对径流预报的影响都是非常复杂的问题。本书在前人工作的基础上,作了一些尝试性的探索,但许多问题仍需要进一步改进和完善。

(1) HEC-HMS 模型采用 SCS 曲线数法计算产流,考虑了土壤和土地利用类型等对产流的影响,若 CN 曲线数采用美国水土保持局建立的方法,则出现较大的误差,且参数 CN 很敏感。计算过程中直接按 AMCII 进行取值,并没有对 AMC 等级进行修正,导致模拟结果不是很理想。建议以后对该法的研究重点放在率定出适用于研究区域的 CN。

(2) 随着预见期的延长降雨集合预报的模拟精度会下降,10d 的降雨集合预报中,时间越靠后,径流集合预报越发散,模拟径流值的预报结果也更易偏大。可对 SWAT 模型进行改进,对 10d 降雨集合进行修正,或者通过缩短预报期为 5d 或 7d,以取得更好的模型预报效果。

TIGGE 集合预报数据库目前可接收交换来自全球的 10 个业务中心的数据资料,书中只运用了三大交互中心之一的 ECMWF 集合预报降雨数据,可同时对比研究多个气象中心集合预报降雨产品。

(3) 因资料有限,书中的蒸发资料用的多年的日蒸发资料按照小时平均处理,没有考虑流域内早、中、晚的蒸发量差异,也没有考虑流域雨天、晴天或者阴天蒸发量的不同。今后的研究中应充分考虑实测资料,研究流域内蒸发能力在时间和空间上的不均匀性,参照实际情况进行模拟,提高模拟精度。

参 考 文 献

[1] 贾馥溶. 分布式水文模型 Easy DHM 在太湖流域山丘区的研究与应用[D]. 上海:东华大学, 2014.

[2] 冯英艳. 六合山丘区水资源配置动态模拟模型研究[D]. 扬州:扬州大学,2008.

[3] 毛慧慧,延耀兴,张杰. 水文预报方法研究现状与展望[J]. 科技情报开发与经济,2005,(19): 172-173.

[4] 朱吉生,黄诗峰,李纪人,等. 水文模型尺度问题的若干探讨[J]. 人民黄河,2015,(5):31-37.

[5] 陈仁升,康尔泗,杨建平,等. 水文模型研究综述[J]. 中国沙漠,2003,(3):15-23.

[6] 何长高,董增川,陈卫宾. 流域水文模型研究综述[J]. 江西水利科技,2008,(1):20-25.

[7] 董洁平,李致家,戴健男. 基于 SCE-UA 算法的新安江模型参数优化及应用[J]. 河海大学学报(自然科学版),2012,(5):485-490.

[8] 陈建,王建平,谢小燕,等. 考虑人类活动影响的改进新安江模型水文预报[J]. 水电能源科学,2014,(10):22-25.

[9] 刘力,周建中,杨俊杰,等. 基于改进粒子群优化算法的新安江模型参数优选[J]. 水力发电, 2007,(7):16-19.

[10] Sherman L K. Stream flow from rainfall by the unit hydrograh method [J]. Engineering News Record,1932,108:501-505.

[11] Bergstr M S. Development and application of a conceptual runoff model for Scandinavian catchment. SMHI Report,Nr. RHO7. 1976.

[12] 徐宗学. 水文模型:回顾与展望[J]. 北京师范大学学报(自然科学版),2010,(3):278-289.

[13] 金鑫,郝振纯,张金良. 水文模型研究进展及发展方向[J]. 水土保持研究,2006,(4):197-199,202.

[14] Dooge J C. Mathematical models of hydrologic systems[C]. Proceedings of the International Symposium on Modelling Techniques in Water Resources Systems,1972.

[15] Crawford N H,Linsley R K. Digital simulation in hydrology[R]. Department of Civil Engineering,University of California,Technical Report No. 39,1966.

[16] Burnash R J C,Ferral R L,McGuire R A. A generalized streamflow simulation system,conceptual modeling for digital computer,1973.

[17] Beven K J,Kirkby M J. A physically based variable contributing area model of basin hydrology[J]. Hydrological Sciences Journal,1979.

[18] Abbott M B,Bathurst J C,Cunge J A,et al. An introduction to the European hydrological system—System Hydrologic European,"SHE" 1:History and philosophy of a physically based distributed modeling system[J]. Journal of Hydronautics,1986.

[19] Dunn S M,Mackay R. Spatial variation in evapotranspiration and the influence of land use

on catchment hydrology. Journal of Hydrology,1995,171:49-73.

[20] Dunns M,McAlister E,Ferrier R C. Development and application of a distributed catchment cale hydrological model for the River Ythan, NE Scotland[J]. Hydrological Processes, 1998,(12):401-416.

[21] Arnold J G, Allen P M. Estimating hydrologic budgets for three Illinois watersheds[J]. Journal of Hydrology,1996,176(1/2/3/4):57-77.

[22] Manguerra H B,Engel B A. Hydrologic parameterization of watersheds for runoff prediction using SWAT[J]. Journal of the American Water Recources Association, 1998, 34(5): 1149-1162.

[23] Arnold J G,Allen P M. Automated methods for estimating baseflow and ground water recharge from stream flow[J]. Journal of the American Water Recources Association,1999, 35(2):411-424.

[24] Arnold J G,Srinivasan R. 1999. Continental scale simulation of the hydrologic balance. Journal of the AWRA,1999,35(5):1037-1052.

[25] Harmel R D,Richardson C W,King K W. Hydrologic response of a small watershed model to generated precipitation. Transactions of the ASAE,2000,43(6):1483 -1488.

[26] Fontaine T A,Cruickshank T S,Arnold J G,et al. Deveplopment of a snowfall-snowmelt routine for mountainous terrain for the soil and water assessment tool(SWAT)[J]. Journal of Hydrology,2002,262(1/2/3/4):209-223.

[27] Muttiah R S,Wurbs R A. Modeling the impacts of climate change on water supply reliabilities[J]. Water International,2002,27(3):407-479.

[28] Rosenberg N J,Brown R A,Izatrralde R C,et al. Integrated assessment of Hadley Centre (HadCM2)climate change projection in agricultural productivity and irrigation on water supply in the conterminous United States:I. Climate change scenarios and impacts on irrigation water supply simulated with the HUMUS model[J]. Agric for Meteor, 2003, 117 (1/2):73-96.

[29] Jayakrishnan R,Srinivasan R,Santhi C,et al. Advances in the application of the SWAT model for water resources management[J]. Hydrol Process,2005,19:749-762.

[30] Kannan,N,White S M,Worrall F. Sensitivity analysis and identification of the best vapotranspiration and runoff options for hydrological modeling in SWAT-2002[J]. Journal of Hydrology,2006.

[31] Krysanova V,Arnold J G. Advances in ecohydrogical modeling with SWAT:a review[J]. Hydrological Sciences Journal,2008,53(5):939-947.

[32] 车骞.基于 SWAT 模型的黄河源区分布式水文模拟[D].兰州:兰州大学硕士学位论文,2006.

[33] 杨桂莲,郝芳华.基于 SWAT 模型的基流估算及评价——以洛河流域为例[J].地理科学进展,2003,22(5):464-471.

[34] 黄清华,张万昌.SWAT 分布式水文模型在黑河干流山区流域的改进及应用[J].南京林业

大学学报(自然科学版),2004,28(2):22-26.

[35] 陈军锋,陈秀万.SWAT 模型的水量平衡及其在梭磨河流域的应用[J].北京大学学报(自然科学版),2004,40(2):265-270.

[36] 刘吉峰,霍世青,李世杰,等.SWAT 模型在青海湖布哈河流域径流变化成因分析中的应用[J].河海大学学报(自然科学版),2007,35(2):159-162.

[37] 李硕.GIS 和遥感辅助下流域模拟的空间离散化与参数化研究与应用[D].南京:南京师范大学,2002.

[38] 张雪松,郝芳华,杨志峰,等.基于 SWAT 模型的中尺度流域产流产沙模拟研究[J].水土保持研究,2003,10(4):38-42.

[39] 王中根,刘昌明,黄友波.SWAT 模型的原理、结构及应用研究[J].地理科学进展,2003,22(1):79-86.

[40] 胡远安,程声通,贾海峰,等.袁水上游小流域非点源污染研究:实验设计与数据初步分析[J].农业环境科学学报,2003,22(3):442-445.

[41] 刘昌明,李道峰,田英,等.基于 DEM 的分布式水文模型在大尺度流域应用研究[J].地理科学进展,2003,22(5):437-447.

[42] 李道峰.黄河河源区变化环境下分布式水文模拟[J].地理学报,2004,59(4):565-572.

[43] 贺国平,张彤,周东.土地覆被和气候变化的水文响应研究[J].分析与研究,2006,6:27-30.

[44] 梁犁丽,汪党献,王芳.SWAT 模型及其应用进展研究[J].中国水利水电科学研究院学报,2007,5(2):125-131.

[45] 张利平,胡志芳,秦琳琳,等.2050 年前南水北调中线工程水源区地表径流的变化趋势[J].气候变化研究进展,2010,6:391-397.

[46] 张芳,徐建新,魏义长,等.基于 ET 管理的县域水资源合理配置研究[J].灌溉排水学报,2011,2:107-110.

[47] Hawkins R. Infiltration and curve numbers:some pragmatic and theoretic relationships[J]. Symposium on Watershed Management,2011:925-937.

[48] Bonta J V,et al. Impact of coal surface mining on three Ohio Watersheds-surface-water hydrology[J]. Journal of the American Water Resources Association,2007:907-917.

[49] Hawkins R H. Runoff curve numbers with varying site moisture[J]. Journal of the Irrigation and Drainage Division,1978. 104(4):389-398.

[50] Ramly S,Tahir W. Application of HEC-GeoHMS and HEC-HMS as Rainfall-Runoff Model for flood Simulation[M]. New York:Springer,2016. 181-192.

[51] Rahman K U,Balkhair K S,Almazroui M,et al. Sub-catchments flow losses computation using Muskingum-Cunge routing method and HEC-HMS GIS based techniques,case study of Wadi Al-Lith, Saudi Arabia [J]. Modeling Earth Systems and Environment, 2017, 3(1):4.

[52] Mandal S P,Chakrabarty A. Flash flood risk assessment for upper Teesta River basin:using the hydrological modeling system (HEC-HMS) software[J]. Modeling Earth Systems and Environment,2016,2(2):1-10.

[53] Lehbab-Boukezzi Z, Boukezzi L, Errih M. Uncertainty analysis of HEC-HMS model using the GLUE method for flash flood forecasting of Mekerra watershed, Algeria[J]. Arabian Journal of Geosciences, 2016, 9(20): 751.

[54] Meyer W B, et al. Tool for processing hydrologic parameters for HCFCD HEC-HMS simulations. 2004.

[55] Rashedul I, Islam R. A review on watershed delineation using GIS tools: a review on watershed delineation using GIS tools[D]. Dept of Civil Engineering, 2004.

[56] 董小涛, 李致家. HEC 模型在洪水预报中的运用[J]. 东北水利水电, 2004, 22(11): 43-44.

[57] 陆波, 梁忠民, 余钟波. HEC 子模型在降雨径流模拟中的应用研究[J]. 水力发电, 2005, 31(1): 12-14.

[58] 董小涛, 李致家, 李利琴. 不同水文模型在半干旱地区的应用比较研究[J]. 河海大学学报 (自然科学版), 2006, 34(2): 132-135.

[59] 万荣荣, 等. 中尺度流域次降雨洪水过程模拟: 以太湖上游西苕溪流域为例[J]. 湖泊科学, 2007(2): 170-176.

[60] 赵彦增, 孔凡哲, 朱朝霞. HEC-HMS 及其在官寨流域的应用[J]. 人民黄河, 2008, 30(8): 50-51, 53.

[61] 李燕, 陈孝田, 朱朝霞. HEC-HMS 在洪水预报中的应用研究[J]. 人民黄河, 2008, (4): 23-24.

[62] 张建军, 纳磊, 张波. HEC-HMS 分布式水文模型在黄土高原小流域的可应用性[J]. 北京林业大学学报, 2009, 31(3): 52-57.

[63] 李燕, 孙永寿, 朱朝霞. HEC-HMS 及其在篓子沟流域的应用研究[J]. 中国农村水利水电, 2009, (3): 47-49, 52.

[64] 李春雷, 董晓华, 邓霞, 等. HEC-HMS 模型在清江流域洪水模拟中的应用[J]. 水利科技与经济, 2009, 15(5): 426-427.

[65] 邓霞, 董晓华, 薄会娟. 目标函数对 HEC-HMS 模型参数率定的影响研究[J]. 水电能源科学, 2010, 28(8): 17-19.

[66] 丁杰, 李致家, 郭元, 等. 利用 HEC 模型分析下垫面变化对洪水的影响: 以伊河东湾流域为例[J]. 湖泊科学, 2011, 23(3): 463-468.

[67] 林木生, 陈兴伟, 陈莹. 晋江西溪流域土地利用覆被变化及其洪水响应分析[J]. 南水北调与水利科技, 2011, 9(1): 80-83.

[68] 林峰, 陈莹, 陈兴伟, 等. 基于 HEC-HMS 模型的时间步长对次洪模拟的影响分析[J]. 山地学报, 2011, 29(1): 50-54.

[69] 廖富权. HEC-HMS 模型构建及其在恭城河流域洪水预报中的应用[D]. 南宁: 广西大学, 2014.

[70] 冯世伟. 基于 HEC-HMS 与新安江模型洪水预报研究与应用[D]. 南宁: 广西大学, 2015.

[71] Wolock D M, McCabe G J. Comparison of single and multiple flow direction algorithms for computing topographic parameters in TOPMODEL[J]. Water Resources Research, 1995, 31(5): 1315-1324.

［72］ Balin T D, Parent E, Musy A. Bayesian multiresponse calibration of TOPMODEL: Application to the Haute-Mentue catchment, Switzerland［J］. Water Resources Research, 2010, 46(8), W08524.

［73］ Gumindoga W, Rientjes T H M, Haile A T, et al. Predicting streamflow for land cover changes in the Upper Gilgel Abay River Basin, Ethiopia: A TOPMODEL based approach［J］. Physics and Chemistry of the Earth, Parts A/B/C, 2014, 76:3-15.

［74］ Azizian A, Shokoohi A. Investigation of the effects of DEM creation methods on the performance of a semidistributed model: TOPMODEL［J］. Journal of Hydrologic Engineering, 2015, 20(11):05015005.

［75］ Suliman A H A, Katimon A, Darus I Z M, et al. TOPMODEL for streamflow simulation of a tropical catchment using different resolutions of ASTER DEM: Optimization through response surface methodology［J］. Water Resources Management, 2016, 30(9):3159-3173.

［76］ 郭方, 刘新仁, 任立良. 以地形为基础的流域水文模型: TOPMODEL 及其拓宽应用［J］. 水科学进展, 2000, 11(3):296-301.

［77］ 文佩. 基流分割及基于改进 TOPMODEL 径流模拟［D］. 南京: 河海大学, 2006.

［78］ 董小涛, 李致家, 李利琴. 不同水文模型在半干旱地区的应用比较研究［J］. 河海大学学报（自然科学版）, 2006, (2):132-135.

［79］ 彭伟. 基于三种水文模型的流域径流模拟和土壤含水量模拟应用研究［D］. 成都: 四川农业大学, 2009.

［80］ 凌峰, 杜耘, 肖飞, 等. 分布式 TOPMODEL 模型在清江流域降雨径流模拟中的应用［J］. 长江流域资源与环境, 2010(1):48-53.

［81］ 刘玮丹. 基于 ANN 和 TOPMODEL 的新型降雨-径流模型构建研究［D］. 成都: 四川农业大学, 2013.

［82］ 齐伟, 张弛, 初京刚, 等. Sobol'方法分析 TOPMODEL 水文模型参数敏感性［J］. 水文, 2014, 34(2):49-54.

［83］ 李抗彬, 沈冰, 宋孝玉, 等. TOPMODEL 模型在半湿润地区径流模型分析中的应用及改进［J］. 水利学报, 2015, 46(12):1453-1458.

［84］ 叶江. TOPMODEL 与新安江模型参数不确定性分析及其应用［D］. 南宁: 广西大学, 2016.

［85］ 任国玉. 气候变化与中国水资源［M］. 北京: 气象出版社, 2007.

［86］ Raleigh C, Urdal H. Climate change, environmental degradation and armed conflict［J］. Political Geography, 2007, 26(6):674-694.

［87］ Bosch J M, Hewlett J D. A review of catchment experiments to determine the effect of vegetation changes on water yield and evapotranspration［J］. Journal of Hydrology, 2002, 35(35):3-23.

［88］ Hotchkiss R H, Jorgensen S F, Stone M C, et al. Regulated river modeling for climate change impact assessment: the Missouri River［J］. Journal of the American Water Resources Association, 2000, 36(2):375-386.

［89］ Faramarzi M, Abbaspour K C, Schulin R, et al. Modelling blue and green water resources availability in Iran[J]. Hydrological Processes,2009,23（3）:486-501.

[90] Hamlet A F,Lettenmaier D P. Effects of climate change on hydrology and water resources in the Columbia River basin[J]. Journal of the American Water Resources Association, 1999,35(6):1597-1623.

[91] Arnell N W. Climate change and global water resources:SRES emissions and socioeconomic scenarios[J]. Global Environmental Change,2004,14(1):31-52.

[92] Mimikou M A,Baltas E,Varanou E,et al. Regional impacts of climate change on water resources quantity and quality indicators[J]. Journal of Hydrology,2000,234(1).

[93] 张晓娅,杨世伦.流域气候变化和人类活动对长江径流量影响的辨识(1956-2011)[J]. 长江流域资源与环境,2014,23(12):1729-1739.

[94] 高超,张正涛,陈实,等.RCP4.5 情景下淮河流域气候变化的高分辨率模拟[J]. 地理研究, 2014,33(3):467-477.

[95] 胡彩虹,王纪军,柴晓玲,等.气候变化对黄河流域径流变化及其可能影响研究进展[J].气象与环境科学,2013,36(2):57-65.

[96] 高超,姜彤,翟建青.过去(1958-2007)和未来(2011-2060)50 年淮河流域气候变化趋势分析[J].中国农业气象,2012,33(1):8-17.

[97] 刘吉峰,王金花,焦敏辉,等.全球气候变化背景下中国黄河流域的响应[J].干旱区研究, 2011,28(5):860-865.

[98] 金兴平,黄艳,杨文发,等.未来气候变化对长江流域水资源影响分析[J].人民长江,2009, 40(8):35-38.

[99] 高歌,陈德亮,徐影.未来气候变化对淮河流域径流的可能影响[J].应用气象学报,2008, 19(6):741-748.

[100] 秦大河,等.IPCC 第五次评估报告第一工作组报告的亮点结论[J].气候变化研究进展, 2014,10(1):1-6.

[101] 冯夏清,章光新,尹雄锐.基于 SWAT 模型的乌裕尔河流域气候变化的水文响应[J].地理科学进展,2010,29(7):827-832.

[102] 王兆礼,沈艳,宋立荣.基于 SWAT 模型的北江流域气候变化的水文响应[J].安徽农业科学,2012,40(34):16761-16764.

[103] 李小冰.基于 SWAT 模型的秃尾河流域径流模拟研究[D].杨凌:西北农林科技大学,2010.

[104] 孟令超.基于 SWAT 模型的泰山药乡小流域径流模拟研究[D].泰安:山东农业大学,2014.

[105] 杨梦林.变化环境下大汶河流域径流响应研究[D].济南:济南大学,2017.

[106] 赵阳.密云水库集水区变化环境下的小流域径流演变规律研究[D].北京:北京林业大学,2014.

[107] 芮孝芳.水文的机遇及应着重研究的若干领域[J].中国水利学报,2004,4(22):154-158.

[108] 仇亚琴.水资源综合评价及水资源演变规律研究[D].北京:中国水利水电科学研究院,2006.

［109］Arnold J G, Allen P M. Automated methods for estimating baseflow and ground water recharge from stream flow［J］. Journal of the American Water Recources Association, 1999, 35(2): 411-424.

［110］Arnold J G, Srinivasan R. 1999. Continental scale simulation of the hydrologic balance［J］. Journal of he AWRA, 1999, 35(5): 1037-1052.

［111］Behera S, Panda R K. Evaluation of management alternatives for an agricultural watershed in a sub-humid subtropical region using a physical process based model［J］. Agriculture Ecosystems and Environment, 2006, 113: 62-72.

［112］Hernandez M, Miller S N, Goodrich D C, et al. Modeling runoff response to land cover and rainfall spatial variability in semi-arid watersheds［J］. Environmental Monitoring & Assessment, 2000, 64(1): 285-298.

［113］Weber A, Fohrer N, Möller D. Long-term land use changes in a mesoscale watershed due to socio-economic factors-effects on landscape structures and functions［J］. Ecological Modelling, 2001, 140(1-2): 125-140.

［114］Sanjay K J, Tyagi J, Singh V. Simulation of runoff and sediment yield for a Himalayan Watershed using SWAT model［J］. Water Resource and Protection, 2010, 2: 267-281.

［115］Nosetto M D, Jobbagy E G, Paruelo J M. Land-use change and water losses: the case of grassland afforestation across a soil textural gradient in central Argentina［J］. Global Change Biol, 2005, 11(7): 1101-1117.

［116］刘昌明,李道峰,田英,等. 基于 DEM 的分布式水文模型在大尺度流域应用研究［J］. 地理科学进展, 2003, 22(5): 437-447.

［117］陈引珍,程金花,张洪江,等. 清港河流域土地利用变化对径流的影响［J］. 中国水土保持科学, 2009, 7(4): 38-43.

［118］魏超,贾永帅,吴昊,等. 基于 RS 的泰安市土地利用动态变化研究［J］. 北京测绘, 2016, (6), 123-127.

［119］李道峰,黄河河源区变化环境下分布式水文模拟［J］. 地理学报, 2004, 59 (4): 565-572.

［120］王学,张祖陆,宁吉才. 基于 SWAT 模型的白马河流域土地利用变化的径流响应［J］. 生态学杂志, 2013, 32(1): 186-194.

［121］张洪刚,郭生练,刘攀,等. 概念性水文模型多目标参数自动优选方法研究［J］. 水文, 2002, (01): 12-16.

［122］闫法森. 流域水文模型参数优选方法与比较［J］. 才智, 2012, (18): 250.

［123］李胜,梁忠民. GLUE 方法分析新安江模型参数不确定性的应用研究［J］. 东北水利水电, 2006, 24(2): 31-33.

［124］武新宇,程春田,赵鸣雁. 基于并行遗传算法的新安江模型参数优化率定方法［J］. 水利学报, 2004, (11): 85-90.

［125］赵宗慈. 全球环流模式在中国部分模拟效果评估［J］. 气象, 1990, (9): 13-17.

［126］陈滋月. 气候变化情景模式对流域水土流失影响的定量分析［J］. 水利规划与设计, 2016, (6): 32-35.

[127] 段威. 新民市梁山小流域综合治理分析[J]. 水利规划与设计,2015,(1):7-8.

[128] 谢晖. 流域规划体系的研究[J]. 水利规划与设计,2015,(1):37-38.

[129] 袁克光. 水源取水的合理性分析及对环境影响研究[J]. 水利规划与设计,2015,(2):35-37.

[130] 林晓静. 四官营子小流域治理措施设计分析[J]. 水利规划与设计,2015,(5):37-39.

[131] 薛志春,李成林,彭勇,等. 人类活动对流域洪水过程的影响分析[J]. 南水北调与水利科技,2013,(6):5-9.

[132] 邹鹰,程建华. 典型人类活动对洪水特性的影响[J]. 水利水运工程学报,2010,(1):37-41.

[133] 王元. 中国致灾暴雨研究的进展和若干热点问题:第四次全国暴雨学术研讨会[J]. 科学技术与工程,2002,2(6):88-91.

[134] 何光碧,屠妮妮,张利红. 多模式对四川一次强降水过程不确定性分析[J]. 高原山地气象研究,2009,29(4):18-26.

[135] 沈铁元,廖移山,彭涛,等. 定量分析数值模式日降水预报结果的不确定性[J]. 气象,2011,37(5):540-546.

[136] 陈活彼,孙建奇,陈晓丽. 我国夏季降水及相关大气环流场未来变化的预估及不确定性分析[J]. 气候与环境研究,2012,17(2):171-183.

[137] 梁莉,赵琳娜,巩远发,等. 淮河流域汛期日内最大日降水量概率分布[J]. 应用气象学报,2011,22(4):421-428.

[138] 马鸿元,黄健熙,黄海,等. 基于历史气象资料和 WOFOST 模型的区域产量集合预报[J]. 农业机械学报,2018,49(9):257-266.

[139] Roulin E, Vannitsem S. Skill of medium-range hydrological ensemble predictions[J]. Journal of Hydrometeorolo-gy,2005,6(5):729-744.

[140] Roulin E. Skill and relative economic value of medium-range hydrological ensemble predictions[J]. Hydrology and Earth System Sciences,2007,11(2):725-737.

[141] Komma J,Reszler C,Blöschl G,et al. Ensemble prediction of floods-catchment non-linearity and forecast prob-abilities[J]. Natural Hazards Earth System Sciences, 2007 (7):431-444.

[142] Thielen J,Bartholmes J,Ramos M-H,et al. The European Flood Alert System-part 1:Concept and development[J]. Hydrology and Earth System Science Discussions,2008(5):257-287.

[143] Pappenberger F, Bartholmes J, Thielen J, et al. New dimensions in early flood warning across the globe using grand-ensemble weather predictions[J]. Geophysical Research Letters,2008,35(10).

[144] He Y, Wetterhall F, Cloke H L, et al. Tracking the uncertainty in flood alerts driven by grand ensemble weather predictions[J]. Meteorological Applications, Special Issue:Flood Forecasting and Warning,2009,16(1):91-101.

[145] Kipling Z, primo C, Charlton-Perez A. Spatiotemporal behavior of the TIGGE medium-range Ensemble forecasts[J]. Monthly Weather Review,2011,139(8):2561-2571.

[146] 智协飞,林荐泽,白永清,等. 北半球中纬度地区地面气温的超级集合预报[J]. 气象科学, 2009,29(5):6.

[147] Krishnamurti T N,Kishtawal C M,LaRow T E. Improved weather and seasonal climate forecasts from multimodel superensemble[J]. Science,1999,285(5433):1548-1550.

[148] Johnson C,Swinbank R. Medium-range multimodel ensemble combination and calibration [J]. Quarterly Journal of the Royal Meteorological Society,2009,135(640):777-794.

[149] 麻巨慧,朱跃建,王盘兴,等. NCEP、ECMWF 及 CMC 全球集合预报业务系统发展综述 [J]. 大气科学学报,2011,34(3):370-380.

[150] Keller J H,Jones S C,Evans J L,et al. Characteristics of the TIGGE multimodel ensemble prediction system in representing forecast variability associated with extratropical transition[J]. Geophysical Research Letters,2011,38:12.

[151] Krishnamurti T N,Sagadevan A D,Chakraborty A,et al. Improving multimodel weather forecast of monsoon rain over China using FSU superensemble[J]. Advances in Atmospheric Sciences,2009,26(5):813-839.

[152] Demeritt D,Cloke H,Pappenberger F,et al. Ensemble predictions and perceptions of risk, uncertainty,and error in flood forecasting[J]. Environ Hazards,2007,7(2):115-127.

[153] Xuan Y,Cluckie D,Wang Y. Uncertainty analysis of hydrological ensemble forecasts in a distributed model utilizing short-range rainfall prediction[J]. Hydrol Earth Sysi Sci,2009, 13:293-303.

[154] 彭勇,徐炜,油芳芳,等. 耦合 TIGGE 降水集合预报的洪水预报研究[J]. 天津大学学报, 2015,48(2):177-184.

[155] Barthlmes J,Todini E. Coupling meteorological and hydrological models for flood forecasting[J]. Hydrol Earth Sysi Sci,2005,9(4):333-346.

[156] Cluckie I D,Xuan Y,Wang Y. Uncertainty analysis of hydrological ensemble forecasts in a distributed model utilizing short-range rainfall prediction[J]. Hydrol Earth Sysi Sci Discuss,2006,3:3211-3237.

[157] 赵晓琳. 2012 年 6-8 月 T639、ECMWF 及日本模式中期预报性能检验[J]. 气象,2012,38 (11):1423-1428.

[158] 油芳芳. 耦合 ECMWF 降雨集合预报的水库优化调度研究[D]. 大连:大连理工大学,2014.

[159] Du J,Mullen S L,Sanders F. Short-range ensemble forecasting of quantitative precipitation [J]. Mon. Wea. Rev. ,1997,125:2427-2459.

[160] 郝芳华,陈利群,刘昌明,等. 土地利用变化对产流和产沙的影响分析[J]. 水土保持学报, 2004,18(3):5-8.

[161] 陈军锋,李秀彬. 土地覆被变化的水文响应模拟研究[J]. 应用生态学报,2004,15(5): 833-836.

[162] 耿润哲,李明涛,王晓燕等. 基于 SWAT 模型的流域土地利用格局变化对面源污染的影响 [J]. 农业工程学报,2015,31(16):241-250.

［163］Arnold J G, Allen P M. Estimating hydrologic budgets for three Illinois watersheds［J］. Journal of Hydrology,1996,176(1-4):57-77.

［164］Sloan P G, Moore I D. Modeling Subsurface stonnflow on steeply sloping forested watersheds［J］. Water Resources Research,1984,20(12):1851-1862.

［165］赵人俊. 流域水文模拟［M］. 北京:水利电力出版社,1984.

［166］王玉德. 基于 ArcGIS 的泰森多边形法计算区域平均雨量［J］. 吉林水利,2014,(06):58-60+63.

［167］马耀明,王介民. 非均匀陆面上区域蒸发(散)研究概况［J］. 高原气象,1997,(04):111-117.

［168］刘金涛,冯杰,张佳宝. 分布式水文模型在流域水资源开发利用中的应用研究进展［J］. 中国农村水利水电,2007,(2):142-144.

［169］王丽丽,高志军,田长涛. 流域汇流单位线推求方法分析［J］. 黑龙江水利科技,2013,(1):115-119.

［170］森泉. 马斯京干河道洪水演进公式解算方法［J］. 水利水电技术(水文副刊),1963,(03):39-41.

［171］彭建中,王勗余,王本宸. 特征河长法在水文测验中的应用［J］. 人民长江,1966,(1):41-44.

［172］芮孝芳,康权,孙祥燕,等. 论滞后演算法的原理、应用和比较［J］. 水利学报,1988,(11):69-73.

［173］李信. 基于 HEC-HMS 的雅砻江流域理塘河洪水预报研究［D］. 北京:中国地质大学(北京),2015.

［174］董洁平,李致家,戴健男. 基于 SCE-UA 算法的新安江模型参数优化及应用［J］. 河海大学学报(自然科学版),2012,(5):485-490.

［175］Vijay P S. Computer Models of Watershed Hydrology［M］. Highlands Ranch:Water Resources Publication,1996:23-68.

［176］Kuczera G. Efficient subspace probabilistic paramerter optimization for catchments models［J］. Water Resources Research,1997(1):177-185.

［177］Wang W C, Cheng C T, Chau K W, et al. Calibration of Xinanjiang model parameters using hybrid genetic algorithm based fuzzy optimal model［J］. Journal of Hydroinformatics,2012,14(3):784-799.

［178］水利部水利信息中心. SL250-2000　水文水情预报规范 ［S］. 中华人民共和国水利部,2000.

［179］USACE. HEC-GeoHMS Geospatial Hydrologic Modeling Extention User's Manual［M］. CA:Hydrologic Engineering Center,2010.

［180］李向新. HEC-HMS 水文建模系统原理方法应用［M］. 北京:中国水利水电出版社,2015:355-363.

［181］USACE. HEC-DSSVue HEC Data Storage System Visual Utility Engine User's Manual［M］. CA:Hydrologic Engineering Center,2009.

[182] USACE. Hydrologic Modeling System HEC-HMS Technical Reference Manual [M]. CA：Hydrologic Engineering Center,2000.

[183] 詹士昌,徐婕. 蚁群算法在马斯京根模型参数估计中的应用[J]. 自然灾害学报,2005,14(5):20-24.

[184] 陆桂华,郦建强,杨晓华. 遗传算法在马斯京根模型参数估计中的应用[J]. 河海大学学报,2001,29(4):9-12.

[185] 程银才,李明华,范世香. 非线性马斯京根模型参数优化的混沌模拟退火法[J]. 水电能源科学,2007,25(1):30-33.

[186] USACE. Hydrologic Modeling System User's Manual Version4. 0[M]. CA：Hydrologic Engineering Center,2010.